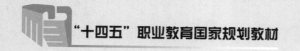
"十四五"职业教育国家规划教材

新形态教材

JIEGOU SHITU YU GANGJIN SUANLIANG

结构识图与钢筋算量

（第4版）

主　编／杨文生　孙兆英

副主编／赵　源　韩俊艳　汤　辉

U0216084

重庆大学出版社

内容提要

本书以真实、完整的工程实际项目为案例,以完成工程项目中各构件钢筋工程量的计算为工作任务,详细讲述了结构施工图的识读方法和建筑结构中基础、剪力墙、柱、梁、板、楼梯的钢筋工程量的计算过程。

本书可作为高等职业院校工程造价、建设工程管理、建筑工程技术等专业的教学用书,也可供建筑类从业人员学习使用。

图书在版编目(CIP)数据

结构识图与钢筋算量 / 杨文生,孙兆英主编. -- 4
版. -- 重庆:重庆大学出版社,2023.8(2024.7 重印)
高等职业教育建设工程管理类专业系列教材
ISBN 978-7-5624-9991-6

Ⅰ.①结… Ⅱ.①杨… ②孙… Ⅲ.①建筑制图—识
图—高等职业教育—教材②钢筋混凝土结构—结构计算—
高等职业教育—教材 Ⅳ.①TU204②TU375

中国国家版本馆 CIP 数据核字(2023)第 150788 号

高等职业教育建设工程管理类专业系列教材
结构识图与钢筋算量
(第4版)

主 编 杨文生 孙兆英
副主编 赵 源 韩俊艳 汤 辉
策划编辑:刘颖果 林青山
责任编辑:刘颖果 版式设计:刘颖果
责任校对:谢 芳 责任印制:赵 晟

*

重庆大学出版社出版发行
出版人:陈晓阳
社址:重庆市沙坪坝区大学城西路 21 号
邮编:401331
电话:(023)88617190 88617185(中小学)
传真:(023)88617186 88617166
网址:http://www.cqup.com.cn
邮箱:fxk@ cqup.com.cn(营销中心)
全国新华书店经销
中雅(重庆)彩色印刷有限公司印刷

*

开本:787mm×1092mm 1/16 印张:11.75 字数:339 千 插页:8 开 7 页
2017 年 6 月第 1 版 2023 年 8 月第 4 版 2024 年 7 月第 7 次印刷
印数:18 001—21 000
ISBN 978-7-5624-9991-6 定价:36.00 元

前　言

新中国成立以来，中国建筑从茅草土墙变成高楼林立且充满活力的城市建筑群，高速公路、高速铁路、跨海跨江大桥等各类项目的成功建设，向世界展示了"中国建造"的非凡实力，中国制造、中国建造向着中国创造迈进。党的二十大胜利召开，为推动我国经济发展凝聚了磅礴伟力，注入了新的动力，也必将推动我国建筑行业的高质量发展。

随着我国经济的稳步发展，建筑工程队伍的规模庞大，大批建筑从业人员除了需要积极践行社会主义核心价值观对个人层面的要求，即"爱国、敬业、诚信、友善"外，还迫切需要提高自身的专业素质和职业技能。在与建筑有关的许多专业知识和技能中，建筑工程图的识读能力是最为基础，也是最重要的，它不仅关系设计表达是否能够被准确理解，也关系工程的质量和成本，因此必须充分重视建筑工程图识读能力的培养。另外，建筑工程中钢筋工程的造价占整个工程造价的 20%～30%，钢筋工程量的计算技能也是建筑从业人员的核心技能之一。无论是施工人员、工程管理人员还是造价人员，都必须拥有识读工程图和计算钢筋工程量的基本技能，这样既有助于施工的顺利进行，也有助于提高工程施工质量和施工效率，节约工程成本。

基于教学做一体化、任务导向、学生为中心的课程是符合现代职业能力迁移理念的。对于建筑类专业在校学生来说，建筑结构识图课程是其他专业课程的基础课程。学习建筑结构识图课程不仅要了解图纸表达的内容，还要深入了解建筑结构中钢筋构造的关系，同时通过计算钢筋工程量来检验学习效果。本书通过一个典型、完整的实际工程为项目案例，以完成各建筑构件的钢筋工程量计算为任务，并将完成任务的过程"任务说明—任务分析—任务实施—任务总结—拓展链接"作为本书的主线，借助信息化手段，让学生在完成结构构件钢筋算量任务过程中学习建筑结构基础知识，加强建筑结构平法施工图的识图能力，全面提升钢筋工程量计算的核心技能，并进一步培养学生认真、细心、敬业、精益求精的工匠精神。

使用本教材时，学生应在教师的引导下，通过完成一个工程项目的结构识图和算量任务，从而构建建筑结构和平法识图知识。为便于学习，本书主要按每一构件每一根钢筋设计长度计算为主要内容，计算依据以 22G101 系列平法图集、《混凝土结构设计规范》（GB 50010—2010，2015 年版）、《建筑抗震设计规范》（GB 50011—2010，2016 年版）和工程项目图纸为主。另外，借助微课、仿真动画等数字资源拓展学习，打破了学习空间、时间的限制；学生通过钢筋工程量计算任务来学习建筑结构平法施工图，提高了学生的学习兴趣，践行了职业工作任务融入职业教学的理念,学生不仅掌握了建筑结构平法施工图的识图能力,还掌握了钢筋工程量计算的核心技能。

本教材由北京交通职业技术学院杨文生编写模块 1 和模块 4、孙兆英编写模块 2 和模块 7、汤辉编写模块 6,由北京工业大学赵源编写模块 3、韩俊艳编写模块 5。广联达科技股份有限公司教育事业部朱溢镕、王晓倩、李剑飞等人员参与数字化资源制作,王全杰工程师结合钢筋算量业务给出优化整体设计建议。全书由杨文生负责统稿。结合 22G101 系列图集和对职业教育教材的全新要求,第 4 版由杨文生、孙兆英全面修订。

尽管编写人员尽心尽力,但疏漏及不当之处在所难免,敬请广大读者批评指正,以便及时修订与完善。

编　者

目　录

1

模块 1　钢筋工程量计算依据

【知识目标】

1. 了解影响钢筋工程量计算的一般因素;

2. 从建筑设计说明和结构设计说明中查找与算量有关的信息和计算依据。

【能力目标】

掌握钢筋算量的方法和步骤。

【素养目标】

1. 培养学生客观、公正的职业态度。

2. 培养学生遵守职业道德、恪守职业本分的意识。

3. 通过查阅规范,培养学生遵守规范的意识。

任务 1.1　钢筋工程量计算环境分析

通过本任务的学习,你将能够:

1. 了解影响钢筋工程量计算的计算依据和基础参数;

2. 找出结构设计图纸中钢筋算量的基础参数。

钢筋是钢筋混凝土构件(如基础、梁、板、柱、剪力墙和楼梯)的重要组成材料,钢筋又是建筑工程中用量大、工艺要求高、单价高的一种材料。自 1996 年"混凝土结构施工图平面整体表示方法"全面推行以来,结构设计表示简单明晰,但对结构平法表示与标准图集结合进行钢筋构造施工和工程量计算的要求却提高了。但是不管情况发生什么变化,影响钢筋工程量计算的因素还是有规律的。

任务说明

1. 查阅资料,找到与钢筋工程量计算有关的计算依据和基础参数;

2.查找英才公寓项目结构施工图(见附录,下同)中与钢筋工程量有关的参数。

任务分析

钢筋工程量计算是指工程技术人员按工程设计图纸和平法标准设计图集,结合现行施工规范和验收规范,列出每根钢筋的详细加工单和加工简图的一种高难度技术性工作。此工作是施工一线技术人员应具有的一项核心技能。

(1)计算依据就是根据什么规定、说明、要求来进行钢筋工程量计算,应从设计图纸、设计规范、图集、施工和验收规范中找到明确的、具体的内容。因此,要完成此项任务,首先应将上述资料找齐,然后按项逐条地理清详细要求。

(2)钢筋工程量计算时的基础参数应从钢筋混凝土构件中钢筋所起的作用、放置的位置、连接的方法及要求等来展开。

(3)在实际工程项目中,钢筋工程量相关参数应从建筑结构设计说明和结构施工图纸中查找。完成目前任务首先在图纸中找到更加具体的要求,并列出来。

①本工程结构类型是什么?

②本工程的抗震等级及设防烈度是多少?

③本工程不同位置混凝土构件的混凝土强度等级是多少?有无抗渗等特殊要求?

④本工程砌体的类型是什么?其砂浆强度等级是多少?

⑤本工程的钢筋保护层有什么特殊要求?

⑥本工程的钢筋接头及搭接有无特殊要求?

钢筋计算的
基本知识

任务实施

1.钢筋工程量计算依据

①工程图纸。

②平法标准设计图集 22G101 系列、20G329 系列、18G901 系列。

③《混凝土结构设计规范》(GB 50010—2010,2015 年版)、《建筑抗震设计规范》(GB 50011—2010,2016 年版)。

④建筑施工规范。

2.钢筋工程量计算相关基础参数

与钢筋工程量计算相关的基础参数主要包括:设防烈度与抗震等级,混凝土保护层厚度,钢筋的锚固长度,受力钢筋连接规定,钢筋弯钩、弯折的形状和尺寸要求,钢筋公称直径、公称截面面积及理论质量。

1)设防烈度与抗震等级关系对照表(见表 1.1)

表 1.1 设防烈度与抗震等级关系对照表

结构体系与类型		设防烈度						
		6		7		8		9
	高度/m	≤30	>30	≤30	>30	≤30	>30	≤25
框架结构	框架	四	三	三	二	二	一	一
	剧场、体育馆等大跨度公共建筑	三		二		一		一

续表

结构体系与类型			设防烈度						
			6		7		8		9
框架-剪力墙结构	高度/m		≤60	>60	≤60	>60	≤60	>60	≤50
	框架		四	三	三	二	二	一	一
	剪力墙		三	三	二	二	一	一	一
剪力墙结构	高度/m		≤80	>80	≤80	>80	≤80	>80	≤60
	剪力墙		四	三	三	二	二	一	一
部分框支剪力墙结构	框支层框架		二	二	二	一	一	不应采用	不应采用
	剪力墙		三	二	二	二	一		
筒体结构	框架-核心筒结构	框架	三		二		一		一
		核心筒	二		二		一		一
	筒中筒结构	内筒	三		二		一		一
		外筒	三		二		一		一
单层厂房结构	铰接排架		四		三		二		一

注:①丙类建筑应按本地区的设防烈度直接由本表确定抗震等级;其他设防类别的建筑,应按现行国家标准《建筑抗震设计规范》(GB 50011)的规定调整设防烈度后,再按本表确定抗震等级。
②建筑场地为Ⅰ类时,除6度设防烈度外,应允许按本地区设防烈度降低一度所对应的抗震等级采取抗震构造措施,但相应的计算要求不应降低。
③框架-剪力墙结构,当按基本振型计算地震作用时,若框架部分承受的地震倾覆力矩大于结构总地震倾覆力矩的50%,框架部分应按表中框架结构相应的抗震等级设计。
④部分框支剪力墙结构中,剪力墙加强部位以上的一般部位,应按剪力墙结构中的剪力墙确定其抗震等级。

2)混凝土保护层厚度

混凝土保护层是从最外层钢筋外边缘算起离混凝土构件表面(即构件外表)的最小距离,其作用是保护钢筋在混凝土结构中不被锈蚀。《混凝土结构设计规范》(GB 50010—2010,2015 年版)规定:构件中受力钢筋的保护层厚度不应小于受力钢筋的直径 d。设计使用年限为50 年的混凝土结构,最外层钢筋的保护层厚度还应符合表 1.2 的规定。混凝土结构的环境类别应符合表 1.3 的规定。

表 1.2　混凝土保护层最小厚度 单位:mm

环境类别		板、墙、壳	梁、柱、杆
一		15	20
二	a	20	25
	b	25	35
三	a	30	40
	b	40	50

注:①表中混凝土保护层厚度指最外层钢筋外边缘至混凝土表面的距离,适用于设计使用年限为50 年的混凝土结构。
②构件中受力钢筋的保护层厚度不应小于钢筋的公称直径。
③设计使用年限为100 年的混凝土结构,一类环境中,最外层钢筋的保护层厚度不应小于表中数值的1.4 倍;二、三类环境中,应采取专门的有效措施。
④混凝土强度等级不大于 C25 时,表中保护层厚度数值增加 5 mm。
⑤基础底面钢筋的保护层厚度,有混凝土垫层时应从垫层顶面算起,且不应小于40 mm。

表 1.3　混凝土结构的环境类别(GB 50010—2010,2015 年版)

环境类别	条　件
一	室内干燥环境; 无侵蚀性静水浸没环境
二 a	室内潮湿环境; 非严寒和非寒冷地区的露天环境; 非严寒和非寒冷地区与无侵蚀性的水或土壤直接接触的环境; 严寒和寒冷地区的冰冻线以下与无侵蚀性的水或土壤直接接触的环境
二 b	干湿交替环境; 水位频繁变动环境; 严寒和寒冷地区的露天环境; 严寒和寒冷地区冰冻线以上与无侵蚀性的水或土壤直接接触的环境
三 a	严寒和寒冷地区冬季水位变动区环境; 受除冰盐影响环境; 海风环境
三 b	盐渍土环境; 受除冰盐作用环境; 海岸环境
四	海水环境
五	受人为或自然侵蚀性物质影响的环境

注:①室内潮湿环境是指构件表面经常处于结露或湿润状态的环境。
　　②严寒和寒冷地区的划分应符合现行国家标准《民用建筑热工设计规范》(GB 50176—2016)的有关规定。
　　③海岸环境和海风环境宜根据当地情况,考虑主导风向及结构所处迎风、背风部位等因素的影响,由调查研究和工程经验确定。
　　④受除冰盐影响环境是指受到除冰盐盐雾影响的环境;受除冰盐作用环境是指被除冰盐溶液溅射的环境以及使用除冰盐地区的洗车房、停车楼等建筑。
　　⑤暴露的环境是指混凝土结构表面所处的环境。

3) 钢筋的锚固长度

钢筋的锚固长度是指受力钢筋依靠其表面与混凝土的黏结作用或端部构造的挤压作用而达到设计承受应力所需的长度。钢筋的锚固长度应符合设计要求,当图纸要求不明确时,可按照 22G101 系列图集的平法构造要求、《混凝土结构设计规范》(GB 50010—2010,2015 年版)及《建筑抗震设计规范》(GB 50011—2010,2016 年版)确定。锚固在不同构件连接中的要求如图 1.1 所示。

从图 1.1 可以看出,不同构件之间连接需要锚固,锚固长度选用是钢筋工程量计算的一个重要环节。而影响节点锚固和搭接长度的因素主要有 3 个方面:混凝土强度等级、抗震等级和钢筋种类。不同受力情况下,钢筋的锚固长度应分别计算。

钢筋的锚固长度见表 1.4 至表 1.7。

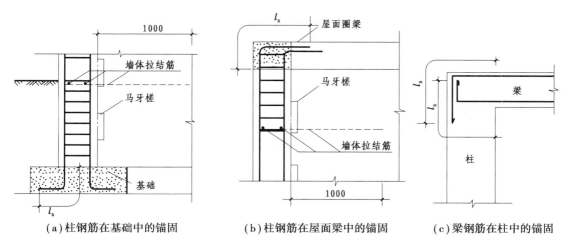

（a）柱钢筋在基础中的锚固　　（b）柱钢筋在屋面梁中的锚固　　（c）梁钢筋在柱中的锚固

图 1.1　锚固在不同构件连接中的要求

表 1.4　受拉钢筋基本锚固长度 l_{ab}

钢筋种类	符号	公称直径 d/mm	混凝土强度等级							
			C25	C30	C35	C40	C45	C50	C55	≥C60
HPB300	φ	6 ~ 14	34d	30d	28d	25d	24d	23d	22d	21d
HRB400 HRBF400 RRB400	Φ Φ^F Φ^R	6 ~ 50	40d	35d	32d	29d	28d	27d	26d	25d
HRB500 HRBF500	Φ Φ^F	6 ~ 50	48d	43d	39d	36d	34d	32d	31d	30d

表 1.5　抗震设计时受拉钢筋基本锚固长度 l_{abE}

钢筋种类		混凝土强度等级							
		C25	C30	C35	C40	C45	C50	C55	≥C60
HPB300	一、二级	39d	35d	32d	29d	28d	26d	25d	24d
	三级	36d	32d	29d	26d	25d	24d	23d	22d
HRB400 HRBF400	一、二级	46d	40d	37d	33d	32d	31d	30d	29d
	三级	42d	37d	34d	30d	29d	28d	27d	26d
HRB500 HRBF500	一、二级	55d	49d	45d	41d	39d	37d	36d	35d
	三级	50d	45d	41d	38d	36d	34d	33d	32d

注：①四级抗震时，$l_{abE}=l_{ab}$。

②混凝土强度等级应取锚固区的混凝土强度等级。

③当锚固钢筋的保护层厚度不大于 5d 时，锚固钢筋长度范围内应设置横向构造钢筋，其直径不应小于 $d/4$（d 为锚固钢筋的最大直径）；对梁、柱等构件间距不应大于 5d，对板、墙等构件间距不应大于 10d，且均不应大于 100 mm（d 为锚固钢筋的最小直径）。

表 1.6　受拉钢筋锚固长度 l_a

钢筋种类	C25		C30		C35		C40		C45		C50		C55		≥C60	
	$d{\le}25$	$d{>}25$	$d{\le}25$	$d{>}25$	$d{\le}25$	$d{>}25$	$d{\le}25$	$d{>}25$	$d{\le}25$	$d{>}25$	$d{\le}25$	$d{>}25$	$d{\le}25$	$d{>}25$	$d{\le}25$	$d{>}25$
HPB300	34d	—	30d	—	28d	—	25d	—	24d	—	23d	—	22d	—	21d	—
HRB400 HRBF400 RRB400	40d	44d	35d	39d	32d	35d	29d	32d	28d	31d	27d	30d	26d	29d	25d	28d
HRB500 HRBF500	48d	53d	43d	47d	39d	43d	36d	40d	34d	37d	32d	35d	31d	34d	30d	33d

表 1.7　受拉钢筋抗震锚固长度 l_{aE}

钢筋种类及抗震等级		C25		C30		C35		C40		C45		C50		C55		≥C60	
		$d{\le}25$	$d{>}25$	$d{\le}25$	$d{>}25$	$d{\le}25$	$d{>}25$	$d{\le}25$	$d{>}25$	$d{\le}25$	$d{>}25$	$d{\le}25$	$d{>}25$	$d{\le}25$	$d{>}25$	$d{\le}25$	$d{>}25$
HPB300	一、二级	39d	—	35d	—	32d	—	29d	—	28d	—	26d	—	25d	—	24d	—
	三级	36d	—	32d	—	29d	—	26d	—	25d	—	24d	—	23d	—	22d	—
HRB400 HRBF400	一、二级	46d	51d	40d	45d	37d	40d	33d	37d	32d	36d	31d	35d	30d	33d	29d	32d
	三级	42d	46d	37d	41d	34d	37d	30d	34d	29d	33d	28d	32d	27d	30d	26d	29d
HRB500 HRBF500	一、二级	55d	61d	49d	54d	45d	49d	41d	46d	39d	43d	37d	40d	36d	39d	35d	38d
	三级	50d	56d	45d	49d	41d	45d	38d	42d	36d	39d	34d	37d	33d	36d	32d	35d

注：①当为环氧树脂涂层带肋钢筋时，表中数据尚应乘以1.25。
②当纵向受拉钢筋在施工过程中易受扰动时，表中数据尚应乘以1.1。
③当锚固长度范围内纵向受力钢筋周边保护层厚度为3d、5d（d为锚固钢筋的直径）时，表中数据可分别乘以0.8、0.7；中间时按内插值。
④当纵向受拉普通钢筋锚固长度修正系数（注①~注③）多于一项时，可按连乘计算。
⑤受拉钢筋的锚固长度 l_a、l_{aE} 计算值不应小于200 mm。
⑥四级抗震时，$l_{aE}=l_a$。
⑦当锚固钢筋的保护层厚度不大于5d时，锚固钢筋长度范围内应设置横向构造钢筋，其直径不应小于d/4（d为锚固钢筋的最大直径）；对梁、柱等构件间距不应大于5d，对板、墙等构件间距不应大于10d，且均不应大于100 mm（d为锚固钢筋的最小直径）。
⑧300钢筋末端应做180°弯钩，做法详见22G101—1图集第2-2页。
⑨混凝土强度等级应取锚固区的混凝土强度等级。

4)受力钢筋连接规定

钢筋的长度受加工和运输条件限制,需要连接才能满足各建筑构件的要求。钢筋连接一般有绑扎搭接、机械连接和焊接连接 3 种形式。3 种连接形式示意图如图 1.2 所示,3 种连接形式的优缺点对比见表 1.8。钢筋受力不同、位置不同、连接形式不同,其连接要求也会有很大不同。

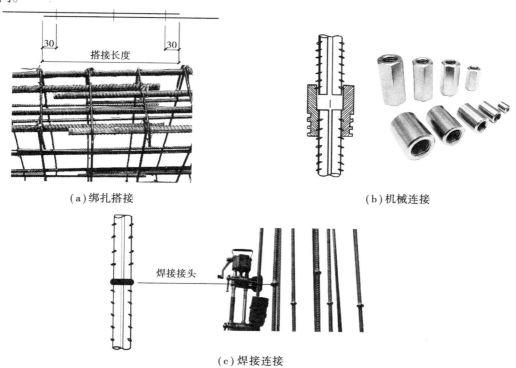

（a）绑扎搭接　　　　　　　　　　　　　　　（b）机械连接

（c）焊接连接

图 1.2　连接形式示意图

表 1.8　连接形式优缺点对比表

连接形式	机　理	优　点	缺　点
绑扎搭接	利用钢筋与混凝土之间的黏结锚固作用实现传力	应用广泛,连接形式简单	对于直径较粗的受力钢筋,绑扎搭接施工不方便,且连接区域容易产生过宽裂缝
机械连接	利用连接套筒的咬合力实现钢筋连接	比较简便,连接可靠	接头区钢筋间净距减小,成本高
焊接连接	利用热加工熔融钢筋实现连接	节省钢筋,成本低	焊接接头质量稳定性较差

受力钢筋连接要求如下:

①同一构件中相邻纵向受力钢筋的绑扎搭接接头宜互相错开(图 1.3)。凡接头中点位于

连接区段长度内,连接接头均属同一连接区段。

②当同一构件内不同连接钢筋计算连接区段长度不同时取大值。

③同一连接区段内纵向钢筋搭接接头面积百分率,为该区段内有连接接头的纵向受力钢筋截面面积与全部纵向钢筋截面面积的比值(当直径相同时,图1.3 钢筋连接接头面积百分率为50%)。

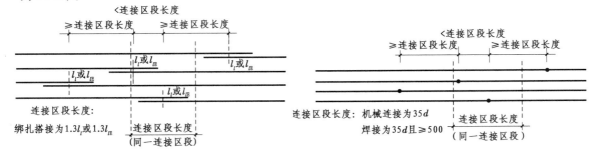

图1.3 不同连接形式要求示意图

④当受拉钢筋直径大于25 mm 及受压钢筋直径大于28 mm 时,不宜采用绑扎搭接。

⑤轴心受拉及小偏心受拉构件中纵向受力钢筋不应采用绑扎搭接。

⑥纵向受力钢筋连接位置宜避开梁端、柱端箍筋加密区。如必须在此连接时,应采用机械连接或焊接。

⑦机械连接和焊接接头的类型及质量应符合国家现行有关标准的规定。

⑧梁、柱类构件纵向受力钢筋搭接接头区箍筋构造如图1.4 所示(22G101—1 图集第2-4页)。

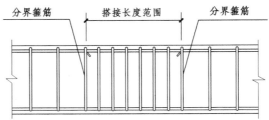

梁、柱类构件纵向受力钢筋搭接接头区箍筋构造

注:①纵向受力钢筋搭接区内箍筋直径不小于$d/4$(d 为搭接钢筋最大直径),且不小于构件所配箍筋直径;箍筋间距不应大于100 mm 及5d(d 为搭接钢筋最小直径)。

②当受压钢筋直径大于25 mm 时,尚应在搭接接头两个端面外100 mm 的范围内各设置两道箍筋。

图1.4 梁、柱类构件纵向受力钢筋搭接接头区箍筋构造

当钢筋采用绑扎搭接时,纵向受拉钢筋的搭接长度见表1.9和表1.10。

不同连接形式在同一连接区段的要求如图1.3所示。

表 1.9　纵向受拉钢筋搭接长度 l_l

钢筋种类及同一区段内搭接钢筋面积百分率		混凝土强度等级															
		C25		C30		C35		C40		C45		C50		C55		≥C60	
		d≤25	d>25	d≤25	d>25	d≤25	d>25	d≤25	d>25	d≤25	d>25	d≤25	d>25	d≤25	d>25	d≤25	d>25
HPB300	≤25%	41d	—	36d	—	34d	—	30d	—	29d	—	28d	—	26d	—	25d	—
	50%	48d	—	42d	—	39d	—	35d	—	34d	—	32d	—	31d	—	29d	—
	100%	54d	—	48d	—	45d	—	40d	—	38d	—	37d	—	35d	—	34d	—
HRB400 HRBF400 RRB400	≤25%	48d	53d	42d	47d	38d	42d	35d	38d	34d	37d	32d	36d	31d	35d	30d	34d
	50%	56d	62d	49d	55d	45d	49d	41d	45d	39d	43d	38d	42d	36d	41d	35d	39d
	100%	64d	70d	56d	62d	51d	56d	46d	51d	45d	50d	43d	48d	42d	46d	40d	45d
HRB500 HRBF500	≤25%	58d	64d	52d	56d	47d	52d	43d	48d	41d	44d	38d	42d	37d	41d	36d	40d
	50%	67d	74d	60d	66d	55d	60d	50d	56d	48d	52d	45d	49d	43d	48d	42d	46d
	100%	77d	85d	69d	75d	62d	69d	58d	64d	54d	59d	51d	56d	50d	54d	48d	53d

注：①表中数值为纵向受拉钢筋绑扎搭接接头的搭接长度。

②两根不同直径钢筋搭接时，表中 d 取钢筋较小直径。

③当为环氧树脂涂层带肋钢筋时，表中数据尚应乘以 1.25。

④当纵向受拉钢筋在施工过程中易受扰动时，表中数据尚应乘以 1.1。

⑤当纵向受拉钢筋的混凝土保护层边缘厚度为 3d、5d（d 为锚固钢筋的直径）时，表中数据尚可分别乘以 0.8、0.7；中间时按内插值。

⑥当上述修正系数（注③～注⑤）多于一项时，可按连乘计算。

⑦当位于同一连接区段内的钢筋搭接接头面积百分率为表中数据中间值时，搭接长度可按内插取值。

⑧任何情况下，搭接长度不应小于 300 mm。

⑨HPB300 钢筋末端应做 180°弯钩，搭接长度不应小于 300 mm，做法详见 22G101—1 图集第 2-2 页。

表1.10 纵向受拉钢筋抗震搭接长度 l_{lE}

钢筋种类及同一区段内搭接钢筋面积百分率			混凝土强度等级														
			C25		C30		C35		C40		C45		C50		C55		≥C60	
			d≤25	d>25	d≤25	d>25	d≤25	d>25	d≤25	d>25	d≤25	d>25	d≤25	d>25	d≤25	d>25	d≤25	d>25
一、二级抗震等级	HPB300	≤25%	47d	—	42d	—	38d	—	35d	—	34d	—	31d	—	30d	—	29d	—
		50%	55d	—	49d	—	45d	—	41d	—	39d	—	36d	—	35d	—	34d	—
	HRB400 HRBF400	≤25%	55d	61d	48d	54d	44d	48d	40d	44d	38d	43d	37d	42d	36d	40d	35d	38d
		50%	64d	71d	56d	63d	52d	56d	46d	52d	45d	50d	43d	49d	42d	46d	41d	45d
	HRB500 HRBF500	≤25%	66d	73d	59d	65d	54d	59d	49d	55d	47d	52d	44d	48d	43d	47d	42d	46d
		50%	77d	85d	69d	76d	63d	69d	57d	64d	55d	60d	52d	56d	50d	55d	49d	53d
三级抗震等级	HPB300	≤25%	43d	—	38d	—	35d	—	31d	—	30d	—	29d	—	28d	—	26d	—
		50%	50d	—	45d	—	41d	—	36d	—	35d	—	34d	—	32d	—	31d	—
	HRB400 HRBF400	≤25%	50d	55d	44d	49d	41d	44d	36d	41d	35d	40d	34d	38d	32d	36d	31d	35d
		50%	59d	64d	52d	57d	48d	52d	42d	48d	41d	46d	39d	45d	38d	42d	36d	41d
	HRB500 HRBF500	≤25%	60d	67d	54d	59d	49d	54d	46d	50d	43d	47d	41d	44d	40d	43d	38d	42d
		50%	70d	78d	63d	69d	57d	63d	53d	59d	50d	55d	48d	52d	46d	50d	45d	49d

注:①表中数值为纵向受拉钢筋绑扎搭接接头的搭接长度。

②两根不同直径钢筋搭接时,表中d取钢筋较小直径。

③当为环氧树脂涂层带肋钢筋时,表中数据尚应乘以1.25。

④当纵向受拉钢筋在施工过程中易受扰动时,表中数据尚应乘以1.1。

⑤当搭接长度范围内纵向受力钢筋周边保护层厚度为3d、5d(d为锚固钢筋的直径)时,表中数据可分别乘以0.8、0.7;中间时按内插值。

⑥当上述修正系数(注③~注⑤)多于一项时,可按连乘计算。

⑦位于同一连接区段内的钢筋搭接接头百分率为100%时,$l_{lE}=1.6l_{aE}$。

⑧当位于同一连接区段内的钢筋搭接接头百分率为表中数据中间值时,搭接长度可按内插取值。

⑨任何情况下,搭接长度不应小于300 mm。

⑩四级抗震等级时,$l_{lE}=l_l$,搭接长度详见22G101—1图集第2-5页。

⑪HPB300钢筋末端应做180°弯钩,做法详见22G101—1图集第2-2页。

5)钢筋弯钩、弯折的形状和尺寸要求

一般受力钢筋的末端应做弯钩,常用螺纹、人字纹等带肋钢筋,梁柱中的附加钢筋及梁架立筋、板分布筋的末端可不做弯钩。表 1.11 是钢筋弯钩设置要求。

表 1.11　弯钩设置要求

钢筋 类型	钢筋等级 或部位	钢筋弯曲 形状	弯心直径 D	弯钩平直部分长度 l_p
纵向 受力 钢筋	HPB300	180°弯钩	≥2.5d_1	≥3d_1
	HRB400	135°弯钩	≥4d_1	按设计要求
		≤90°弯钩	≥5d_1	—
箍筋	一般结构	≥90°弯钩	≥2.5d_2,≥d_1	≥5d_2
	抗震结构	135°弯钩	≥2.5d_2,≥d_1	≥10d_2

注:d_1 为纵向受力钢筋直径,d_2 为箍筋直径。

因弯折和末端弯钩引起长度的变化(度量差),外皮伸长(外包)和内皮缩短的差值称为角度度量差,不同角度引起的差值详见表 1.12。弯钩增加长度示意图如图 1.5 所示。

表 1.12　常用角度度量差表

弯折角度 θ	钢筋级别	弯心直径 D	度量差 Δ
90°	所有级别	5d	-2.29d
135°	HPB300	2.5d	-0.38d
	HRB400、HRB500	4d	-0.11d
180°末端带 3d 直段	HPB300	2.5d	+6.25d

本书是按设计长度计算钢筋长度,是以钢筋的中心线计算,不再考虑因下料加工时增加的延伸率,因此弯钩增加值按常用的经验值进行计算,汇总见表 1.13。

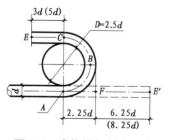

图 1.5　弯钩增加长度示意图

表 1.13　常用弯钩增加值

钢筋类型	弯折角度 θ	不抗震	抗　震
直筋	180°	6.25d	6.25d
	90°	4.75d	4.75d
箍筋	180°	8.25d	13.25d
	135°	6.9d	11.9d
	90°	5.5d	10.5d

6）钢筋公称直径、公称截面面积及理论质量

在钢筋工程量计算过程中，一般是先计算钢筋的总长度，再以总长度乘以单位长度理论质量得出总质量，详见表1.14。

表1.14　钢筋公称直径、公称截面面积及理论质量表

公称直径/mm	不同根数钢筋的计算截面面积/mm²									单根钢筋理论质量/(kg·m⁻¹)
	1	2	3	4	5	6	7	8	9	
6	28.3	57	85	113	142	170	198	226	255	0.222
8	50.3	101	151	201	252	302	352	402	453	0.395
10	78.5	157	236	314	393	471	550	628	707	0.617
12	113.1	226	339	452	565	678	791	904	1 017	0.888
14	153.9	308	461	615	769	923	1 077	1 231	1 385	1.21
16	201.1	402	603	804	1 005	1 206	1 407	1 608	1 809	1.58
18	254.5	509	763	1 017	1 272	1 527	1 781	2 036	2 290	2.00(2.11)
20	314.2	628	942	1 256	1 570	1 884	2 199	2 513	2 827	2.47
22	380.1	760	1 140	1 520	1 900	2 281	2 661	3 041	3 421	2.98
25	490.9	982	1 473	1 964	2 454	2 945	3 436	3 927	4 418	3.85(4.10)
28	615.8	1 232	1 847	2 463	3 079	3 695	4 310	4 926	5 542	4.83
32	804.2	1 609	2 413	3 217	4 021	4 826	5 630	6 434	7 238	6.31(6.65)
36	1 017.9	2 036	3 054	4 072	5 089	6 107	7 125	8 143	9 161	7.99
40	1 256.6	2 513	3 770	5 027	6 283	7 540	8 796	10 053	11 310	9.87(10.34)
50	1 964	3 928	5 892	7 856	9 820	11 784	13 748	15 712	17 676	15.42(16.28)

注：括号内为预应力螺纹钢筋的数值。

3.英才公寓项目中的基础参数

要找到与钢筋工程量有关的基础参数，应仔细研读建筑施工图、结构施工图的设计说明。

在英才公寓项目结施-02"结构设计总说明（一）"第1部分工程概况第1.4条，抗震设防烈度8度，二级抗震。英才公寓项目混凝土强度等级见"结构设计说明（一）"第7部分，内容见表1.15。

表 1.15 英才公寓项目混凝土强度等级

部　位		混凝土强度等级
基础	基础梁、基础底板	C30
基础垫层		C15
框架柱、剪力墙	基础 ~ 5.900	C40
	5.900 ~ 顶层	C35
结构梁板		C30
楼梯		C30
构造柱、过梁		C25

注:当采用强度等级 400 MPa 钢筋时,混凝土强度等级不应低于 C25。

钢筋混凝土保护层厚度见英才公寓项目结施-03"结构设计总说明(二)"第 8 部分,详见表 1.16。

表 1.16 钢筋混凝土保护层厚度

	环境类别	梁	柱	基　础	墙、板	构造柱
保护层厚度 /mm	一类	25	25	—	15	20
	二类 a	30	—		20	
	二类 b	35	35	40	25	

注:①所有构件钢筋的混凝土保护层厚度不应小于钢筋的公称直径。

②采用机械连接接头时,接头连件的混凝土保护层厚度应满足纵向受力钢筋最小保护层厚度的要求,连接件间的横向净距不小于 25 mm。

③板中分布钢筋的保护层厚度不应小于 10 mm,梁、柱中箍筋和构造钢筋的保护层厚度不应小于 15 mm。

锚固长度和连接部分见英才公寓项目结施-03"结构设计总说明(二)"第 10 部分,有关内容如下:

1. 钢筋的锚固连接、箍筋加密、梁柱墙节点及钢筋做法等构造要求,本施工图未注明的均按图集 22G101—1 及 20G331—1 施工。

2. 关于钢筋锚固连接:

(1)钢筋的接头设置在构件受力较小部位,宜避开梁端、柱端箍筋加密区范围。钢筋连接可采用机械连接、绑扎搭接或焊接连接。其接头的类型及质量应符合国家现行有关标准的规定。

(2)板内钢筋优先采用搭接接头;梁柱纵筋优先采用机械连接接头,机械连接接头性能等级为 Ⅱ 级。

(3)钢筋直径不小于 22 mm 时,应采用机械连接或焊接连接。

任务总结

本任务主要了解钢筋工程量计算的基础参数,主要包括:设防烈度与抗震等级,混凝土保护层厚度,受拉钢筋的锚固长度,受力钢筋连接规定,钢筋弯钩长度,钢筋级别,钢筋公称直径、公称截面面积及理论质量。通过学习,不仅要会正确选用各个参数;同时,面对一套具体的工程图纸时,能够快速准确地查找到项目对应参数,为开展后续任务打下坚实的基础。

思考题

如何在工程图中找到钢筋工程量计算的基础参数?有更快更好的方法吗?如有,请说出;如没有,请说出书中的方法。

拓展链接

1.常用的平法标准设计系列图集简介

平法设计是我国目前混凝土结构设计表示方法的重大改革,在全国范围得到了广泛的推广应用。平法首先是一个设计的表示方法,区分了重复性设计和创造性设计,能够大大降低设计人员的工作量,提升设计人员的工作效率。从造价人员的角度来讲,平法设计提高了要求,识图的难度相对于剖面法也有所加大。

22G平法与16G
平法的主要
不同点

现行平法标准设计系列图集主要有22G101系列和18G901系列。

22G101系列图集是结构图制图规则和设计深度的主要参照标准,也就是说结构施工图的表达内容是按22G101系列相关规定执行的,是钢筋工程量计算中工程造价需求计算的主要依据。18G901系列是对钢筋排布的细化和延伸,解决的是钢筋下料计算和现场安装排布、绑扎,实现设计构造和施工建造的有机结合,是施工人员进行钢筋下料、排布、施工的主要技术依据。

平法基础知识

另外,还有一个系列的图集与钢筋工程量计算有关,即20G329系列,此系列图集主要解决建筑物抗震构造,表达内容重点是抗震构造详图。

对于初入建筑行业的从业人员和学生来讲,深入学习、掌握平法制图规则和结构施工图是最为基础和必要的。

2.建筑结构施工图组成及表述内容

结构施工图纸一般包括图纸目录、结构设计总说明、基础平面图及其详图、墙柱定位图、各层结构平面图(模板图、板配筋图、梁配筋图)、墙柱配筋图及其留洞图、楼梯及其他构筑物详图(水池、坡道、电梯机房、挡土墙等)。

作为造价工作者来讲,结构施工图主要用于计算混凝土、模板、钢筋等工程量,而为了计算这些工程量,需要了解建筑物的钢筋配置、摆放信息,需要了解建筑物的基础及其垫层、墙、梁、板、柱、楼梯等的混凝土强度等级、截面尺寸、高度、长度、厚度、位置等信息,阅读结构施工图应着重从以下方面加以详细阅读。

1)结构设计总说明

(1)主要内容

①工程概况:建筑物的位置、面积、层数、结构抗震类别、设防烈度、抗震等级、建筑物合理使用年限等。

②工程地质情况:土质情况、地下水位等。

③设计依据。

④结构材料类型、规格、强度等级等。

⑤分类说明建筑物各部位设计要点、构造及注意事项等。

⑥需要说明的隐蔽部位的构造详图,如后浇带加强筋、洞口加强筋、锚拉筋、预埋件等。

⑦重要部位图例等。

(2)计算时需要注意的问题

①建筑物抗震等级、设防烈度、檐高、结构类型等信息,作为钢筋搭接、锚固的计算依据。

②混凝土强度等级、保护层等信息,作为计算钢筋的依据。

③钢筋接头的设置要求,作为计算钢筋的依据。

④砌体构造要求,包括构造柱、圈梁的设置位置及配筋,过梁的参考图集,砌体加固钢筋的设置要求或参考图集,作为计算圈梁、构造柱、过梁的工程量及钢筋量的依据。

⑤其他文字性要求或详图,有时不在结构平面图中画出,但要计算其工程量。举例如下:

a.现浇板分布钢筋;

b.施工缝止水带;

c.次梁加强筋、吊筋;

d.洞口加强筋;

e.后浇带加强钢筋等。

2)桩基平面图

计算时需要注意:桩基钢筋详图,是否存在铁件,用来准确计算桩基钢筋及铁件工程量。

3)基础平面图及其详图

计算时需要注意以下问题:

①基础详图情况,帮助理解基础构造,特别注意基础标高、厚度、形状等信息,了解在基础上生根的柱、墙等构件的标高及插筋情况。

②注意基础平面图及详图的设计说明,有些内容是不画在平面图上的,而是以文字的形式表现,如筏板厚度、筏板配筋、基础混凝土的特殊要求(如抗渗等级)等。

4)柱子平面布置图及柱表

计算时需要注意以下问题:

①对照柱子位置信息(b边、h边的偏心情况)及梁、板、建筑平面图柱的位置,从而理解柱子作为支座类构件的准确位置,为以后计算梁、墙、板等工程量作准备。

②柱子不同标高部位的配筋及截面信息(常以柱表或平面标注的形式出现)。

③特别注意柱子生根部位及高度截止信息,为理解柱子高度信息作准备。

5)剪力墙体布置平面图及暗柱、端柱表

计算时需要注意以下问题:

①阅读理解剪力墙钢筋布置,洞口加强筋说明。

②阅读暗柱、端柱表,学习并理解暗柱、端柱钢筋的拆分方法。

③注意图纸说明,捕捉其他钢筋信息,防止漏项(例如,暗梁,一般不在图形中画出,以截面详图或文字形式体现其位置及钢筋信息)。

6)梁平面布置图

计算时需要注意以下问题:

①结合剪力墙平面布置图、柱平面布置图、板平面布置图综合理解梁的位置信息。

②结合柱子位置,理解梁跨的信息,进一步理解主梁、次梁的概念及在计算工程量过程中的次序。

③注意图纸说明,捕捉关于次梁加强筋、吊筋、构造钢筋的文字说明信息,防止漏项。

7)板平面布置图

计算时需要注意以下问题:

①结合图纸说明,阅读不同板厚的位置信息。

②结合图纸说明,理解受力筋范围信息。

③结合图纸说明,理解负弯矩钢筋的范围及其分布筋信息。

④仔细阅读图纸说明,捕捉关于洞口加强筋、阳角加筋、温度筋等信息,防止漏项。

8)楼梯结构详图

计算时需注意以下问题:

①结合建筑平面图,了解不同楼梯的位置。

②结合建筑立面图、剖面图,理解楼梯的使用性能(举例:1#楼梯仅从首层通至三层,2#楼梯从-1层可以通往18层等)。

③结合建筑楼梯详图及楼层的层高、标高等信息,理解不同踏步板的数量、休息平台的标高及尺寸。

④结合图纸说明及相应踏步板的钢筋信息,理解楼梯钢筋的布置状况,注意分布筋的特殊要求。

⑤结合详图及位置,阅读梯板厚度、宽度及长度,平台厚度及面积,楼梯井宽度等信息,为计算楼梯实际混凝土体积作准备。

结构施工图是钢筋工程量计算的主要依据,同时也是建筑施工放线、混凝土工程、进度计划和施工图预算的主要依据。

3.钢筋算量基础符号说明

钢筋算量基础符号说明见表1.17。

表1.17 钢筋算量基础符号说明

代号	含义	代号	含义
l_{aE}	受拉钢筋抗震锚固长度	l_a	受拉钢筋的最小锚固长度
l_{lE}	纵向钢筋抗震受拉钢筋绑扎长度	l_l	非抗震绑扎长度
C	混凝土保护层厚度	d	钢筋直径
h_b	梁节点高度	l_w	钢筋弯折长度
H_n	所在楼层的柱净高	l_n	梁跨净长
h_c	在计算柱钢筋时,为柱截面长边尺寸(圆柱为截面直径); 在计算梁钢筋时,为柱截面沿框架方向的高度		

任务1.2 钢筋工程量计算方法和步骤

通过本任务的学习,你将能够:

1.了解影响钢筋工程量计算的计算方法和步骤;

2.准确知道钢筋工程量计算过程中应完成的内容。

任务说明

请归纳出钢筋工程量的计算步骤,并概述每一步应完成的工作内容。

任务分析

(1)钢筋工程量的计算需求

钢筋工程量的计算分为两种层次的需求:一种是确定钢筋工程的造价需求,另一种是确定钢筋工程施工下料需求。

确定钢筋工程的造价需求:其钢筋工程量计算主要是依据建筑施工图纸和常用的平法设计系列国家标准图集,主要计算钢筋的中心线的设计长度。

确定钢筋工程施工下料需求:其钢筋工程量计算不仅要依据22G101系列图集和结构施工图,还要依据18G901系列图集,主要计算钢筋的中心线的下料长度。

二者有区别,又有联系。区别在于造价需求计算时没有全部考虑钢筋施工下料时的钢筋排布和施工情况,联系在于造价需求计算时按设计长度计算是施工下料需求的计算基础。因此,考虑施工现场下料的复杂情况很难给出,为便于学习,本书按每一构件每一根钢筋设计长度计算为主要内容,计算依据以22G101系列平法图集和工程项目图纸为主。

(2)钢筋工程量的计算方法

建筑工程中,钢筋工程量计算有手工计算和计算机软件计算两种方法。

手工计算钢筋工程量是传统的方法,这种方法计算速度慢、适应面宽,对算量技术人员要求高。计算机软件算量将平法图集内置,通过软件建立结构三维模型进行计算,计算速度快、结果规范,对算量技术人员结构识图能力要求高。BIM技术应用是建筑业发展的必然之路,软件算量已在工程中得到越来越广泛的应用。

手工计算钢筋工程量是计算机计算的基础,只有掌握了为什么算量,清楚影响算量的各种因素,查找、识读结构工程图中具体参数要求,才能更快地使用计算机软件来计算钢筋工程量。因此,手工计算钢筋工量不是最终目的,是提高钢筋工程量计算能力的一个阶段,是识读结构工程图的一种培养方法。

(3)工程量计算之前必须了解清楚的问题

①钢筋所在构件的尺寸是多少?

②混凝土的强度等级和结构的抗震级别分别是多少? 钢筋混凝土保护层的厚度分别是多少?

③钢筋在构件中的位置在哪里? 钢筋是否有弯钩或弯起?

④钢筋是否需要锚固? 锚固长度是多少?

⑤钢筋是否需要搭接? 搭接长度是多少?

任务实施

钢筋工程量计算简明步骤和工作内容如下:

①明确要计算的构件。

②计算钢筋混凝土构件的长度。

③依据构件混凝土的强度等级,确定钢筋混凝土保护层的厚度。

④计算钢筋的锚固长度 l_a 和抗震锚固长度 l_{aE}。

⑤计算钢筋的搭接长度l_l、抗震搭接长度l_{lE},查表1.9和表1.10。

⑥计算单根钢筋的设计长度。

普通钢筋设计长度(m) = 构件图示尺寸-混凝土保护层厚度+钢筋增加长度

⑦重复上述过程,计算构件中其他钢筋量并列出明细单。

钢筋工程量= 钢筋设计长度(m)×相应钢筋每米质量(kg/m)

钢筋每米质量=0.006 165×d^2(d 为钢筋直径)

⑧按不同钢种和直径分别汇总钢筋质量。

任务总结

手工计算钢筋工程量是基础,通过利用实际工程图手工计算钢筋工程量,培养识读平法规则、图集和结构工程图的技能,这也是提高职业能力的有效手段。

思考题

施工钢筋下料计算与工程造价的钢筋工程量计算有什么区别?

拓展链接

1.建筑常用钢筋的级别与表达方法

1)按轧制外形分

①光面钢筋:HPB300 级钢筋,常为轧制光面圆形截面。

②带肋钢筋:HRB400 级、HRB500 级钢筋,常轧制成螺旋形、人字形和月牙形 3 种。

2)按直径大小分

按直径大小,钢筋可分为钢丝(直径 3~5 mm)、细钢筋(直径 6~10 mm)、粗钢筋(直径大于 22 mm)。

3)按力学性能分

普通钢筋牌号:HPB300、HRB400、HRB500。

牌号的构成含义:由 HRB(HPB)+屈服强度特征值(300 MPa、400 MPa、500 MPa)构成。

4)按生产工艺分

按生产工艺不同,钢筋可分为热轧、冷轧、冷拉钢筋。建筑工程常用热轧钢筋。

5)按在结构中的作用分

按在结构中的作用,钢筋可分为受压钢筋、受拉钢筋、架立筋、分布筋、箍筋等。

6)结构图纸的表达方法

钢筋在结构图纸中的表达方法如图1.6所示。

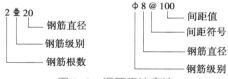

图1.6 钢筋表达方法

2.钢筋工程量计算软件

当前用于钢筋工程量计算的国产软件主要有 3 个品牌,即广联达、鲁班和斯维尔,其计算原理和功能都很相近。通过软件内置平法规则,输入算量基础参数,建立建筑三维算量模型来完成工程量计算,如图1.7所示。

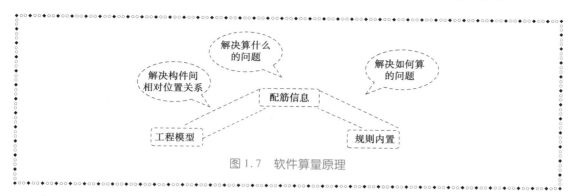

图 1.7　软件算量原理

拓展与思考

　　"爱国、敬业、诚信、友善"是从个人行为层面对社会主义核心价值观基本理念的凝练。它覆盖社会道德生活的各个领域,是公民必须恪守的基本道德准则,也是评价公民道德行为选择的基本价值标准。

　　扫码学习"做有职业道德的好建设者",并从职业道德操守方面思考在进行钢筋算量时应该怎么做。

做有职业道德
的好建设者

复习思考题

　　1.什么是锚固长度? 受拉钢筋的基本锚固长度如何确定?

　　2.受拉钢筋的抗震锚固长度如何确定?

　　3.受拉钢筋的搭接长度如何确定?

　　4.受拉钢筋的抗震搭接长度如何确定?

　　5.钢筋的连接方法有哪些? 各类的接头有哪些构造要求?

　　6.什么是钢筋的混凝土保护层厚度? 不同构件钢筋的混凝土保护层最小厚度有什么要求?

　　7.为什么要划分混凝土结构的环境类别? 其目的是什么?

模块 2 基础钢筋工程量计算

【知识目标】

1. 识别常见基础的类型;

2. 理解独立基础、筏形基础、条形基础配筋的基本构造要求。

【能力目标】

1. 识读独立基础、筏形基础、条形基础的平法施工图;

2. 计算独立基础、筏形基础、条形基础的钢筋工程量。

【素养目标】

了解中国建造的发展历程,感受中国独有的建筑美学和创新先进的建造技术。

任务 2.1 识别常见基础的构造

通过本任务的学习,你将能够:

1. 理解基础的作用,知道不同构造形式基础的适用情况;

2. 认识常见基础的构造形式。

任务说明

1. 请说出基础的作用;

2. 知道独立基础、筏形基础、条形基础的构造形式及适用情况。

任务分析

1. 基础在建筑结构中起什么作用?

2. 如何选择基础的类型? 需要考虑哪些因素?

3. 在施工图中,如何表现基础的形式和尺寸?

任务实施

1.基础的作用

基础是建筑物地面以下的承重构件。它承受建筑物上部结构传递下来的全部荷载,并把这些荷载与基础自身荷载一起传递给地基,通过扩大基础和地基的接触面积来减轻对地基的压应力。基础是建筑结构的重要组成部分。基础传力示意图如图2.1所示。

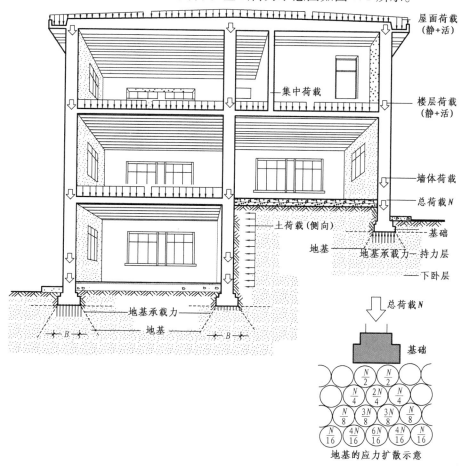

图2.1　基础传力示意图

地基是基础下面承受荷载的土层,承受着基础传来的全部荷载。地基不属于房屋的组成部分。

地基基础设计必须根据建筑物的用途和安全等级、建筑布置和上部结构类型,充分考虑建筑场地条件和地基岩土性状,并结合施工方法、工期、造价等各种因素合理确定地基基础方案,因地制宜,以保证建筑物的安全和正常使用。

基础根据埋置深度,可分为浅基础和深基础。按基础材料分类,浅基础可分为刚性基础和柔性基础,如图2.2所示,下面分别介绍。

2. 刚性基础

1) 受力分析

基础在外力（包括基础自重）作用下，基底承受强度为 σ 的地基反力，基础的悬出部分（图2.2）即 a—a 断面左端，相当于承受着强度为 σ 的均布荷载的悬臂梁；在荷载作用下，a—a 断面将产生弯曲拉应力和剪应力。基础具有足够的截面尺寸，能够使材料的容许应力大于由地基反力产生的弯曲拉应力和剪应力时，a—a 断面不会出现裂缝，这时基础内不需配置受力钢筋，这种基础称为刚性基础。

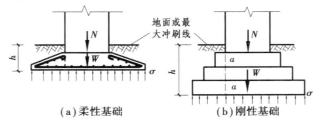

图 2.2　柔性基础和刚性基础

刚性基础需要非常大的抗弯刚度，受力后不允许挠曲变形和开裂。因此，必须对基础的材料强度、台阶的宽高比、建筑物的层高、地基承载力进行严格的控制。

2) 刚性基础的特点

优点：稳定性好、施工简便、能承受较大的荷载。

缺点：自重大，且当持力层为软弱土时，由于扩大基础面积有一定限制，需要对地基进行处理或加固后才能采用，否则会因所受的荷载压力超过地基强度而影响结构物的正常使用。

3) 常见基础类型

①砖基础。砖砌体具有一定的抗压强度，但抗拉强度和抗剪强度低。砖基础所用的砖，强度等级不低于 MU10，砂浆不低于 M5。在地下水位以下或当地基土潮湿时，应采用水泥砂浆砌筑。在砖基础底面以下，一般应先做 100 mm 厚 C10 或 C7.5 的混凝土垫层。砖基础取材容易，应用广泛，一般可用于 6 层及 6 层以下的民用建筑和砖墙承重的厂房。

②毛石基础。毛石是指未加工的石材。毛石基础采用未风化的硬质岩石，禁用风化毛石。毛石的强度等级不低于 MU30，砂浆等级不低于 M5。由于毛石之间间隙较大，如果砂浆的黏结性能较差，则不能用于多层建筑，且不宜用于地下水位以下。但毛石基础的抗冻性能较好，北方可用作 7 层以下建筑物的基础。

③灰土基础。灰土是用石灰和土料配制而成的。石灰以块状为宜，经熟化 1 ～ 2 d，过 5 mm 筛后立即使用。土料应以塑性指数较低的粉土和黏性土为宜，土料团粒应过筛，粒径不得大于 15 mm。石灰和土料按体积配合比 3∶7 或 2∶8 拌和均匀后，在基槽内分层夯实。灰土基础宜在比较干燥的土层中使用，其本身具有一定的抗冻性。在我国华北和西北地区，灰土基础广泛用于 5 层及 5 层以下的民用建筑。

④三合土基础。三合土是由石灰、砂和骨料（矿渣、碎砖或碎石）加水混合而成。施工时，石灰、砂、骨料按体积配合比 1∶2∶4 或 1∶3∶6 拌和均匀后再分层夯实。三合土的强度较低，一般只用于 4 层及 4 层以下的民用建筑。

⑤混凝土基础。混凝土基础的抗压强度、耐久性和抗冻性比较好，这种基础常用在荷载较大的墙柱处。如在混凝土基础中埋入体积占 25% ～ 30% 的毛石（石块尺寸不宜超过 300 mm），即做

成毛石混凝土基础,可节省水泥用量。

3. 柔性基础

1) 受力分析

如图 2.2(b)所示,为了防止基础在 a—a 断面开裂甚至断裂,必须在基础中配置足够数量的钢筋,如图 2.2(a)所示。柔性基础一般称为钢筋混凝土基础。

2) 柔性基础的特点

优点:钢筋混凝土是基础的良好材料,其强度、耐久性和抗冻性都较理想。由于它承受力矩和剪力的能力较好,故在相同的基底面积下可减少基础高度。因此,常在荷载较大或地基较差的情况下使用。

缺点:钢筋和水泥的用量较大,施工技术要求也较高。

3) 常见柔性基础

(1)条形基础

基础沿轴线长度设置,多做成长条形,这种基础称为条形基础或带形基础。条形基础分为墙下条形基础和柱下条形基础。当上部结构荷载较大且土质较差,用一般刚性基础不够经济时可采用条形基础。条形基础的整体性和抗弯能力良好。

①截面形式及材料。条形基础采用梯形截面,基础的边缘高度一般不小于 200 mm,坡度 $i \leqslant 1 : 3$。基础高度小于 250 mm 时,可做成等厚度板;基础下的垫层厚度一般为 100 mm;混凝土强度等级不宜低于 C20,如图 2.3 所示。

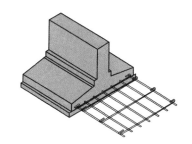
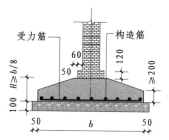

图 2.3　条形基础

②钢筋。底板受力钢筋的最小直径不宜小于 10 mm,间距不宜大于 200 mm 和小于 100 mm,纵向分布钢筋直径 6 ~ 8 mm,间距不大于 300 mm。

条形基础宽度 ≥2 500 mm 时,底板受力钢筋的长度可取宽度的 90%,并交错布置。条形基础在 T 形及十字形交接处,底板横向受力钢筋可布置到主要受力方向底板宽度 1/4 处,拐角横向受力筋沿两个方向布置,如图 2.4 所示。

③保护层厚度。当有垫层时,混凝土的保护层厚度不宜小于 40 mm,无垫层时不宜小于 70 mm。

(2)独立基础

当建筑物上部结构采用框架结构或单层排架及门架结构承重时,其基础常采用方形或矩形的单独基础,这种基础称为独立基础。

独立基础是柱下基础的基本形式,可采用锥形基础和阶梯形基础,如图 2.5(a)、(b)所示。当柱采用预制构件时,则基础做成杯口形,然后将柱子插入,并嵌固在杯口内,故称为杯形基础,如图 2.5(c)所示。

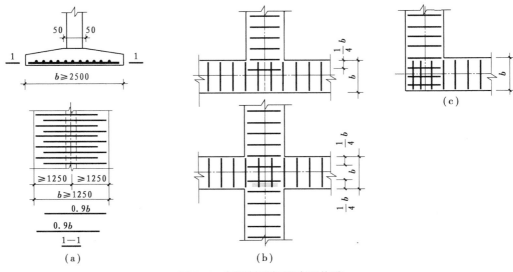

图 2.4　条形基础钢筋布置构造

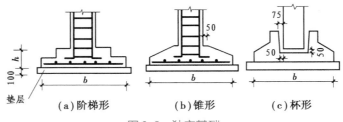

图 2.5　独立基础

阶梯形基础每阶高度一般为 300～500 mm,当基础高度大于 600 mm 而小于 900 mm 时,阶梯形基础分为二级;当基础高度大于 900 mm 时,则分为三级。当采用锥形基础时,其顶部每边应沿柱边放出 50 mm。由于阶梯形基础的施工质量较易保证,宜优先考虑采用。

独立基础的混凝土强度等级不低于 C20;基础垫层混凝土强度等级不低于 C10,垫层的厚度不小于 70 mm;钢筋混凝土独立基础的受力钢筋应双向布置,底板受力钢筋的最小直径不宜小于 10 mm,间距不宜大于 200 mm 和小于 100 mm,当有垫层时混凝土的保护层厚度不宜小于 40 mm,无垫层时不宜小于 70 mm。

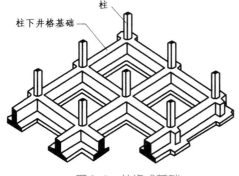

图 2.6　井格式基础

（3）井格式基础

当框架结构处于地基条件较差的情况时,为了提高建筑物的整体性,避免各柱子之间产生不均匀沉降,常将柱下基础沿纵、横方向连接起来,做成十字交叉的井格基础,故又称为十字带形基础。井格式基础是由柱网下的纵横两组条形基础组成的一种空间结构,在基础交叉点处承受柱网传下来的集中荷载和力矩,如图 2.6 所示。

（4）筏形基础

当建筑物上部荷载较大,所在地基承载能力比较弱,采用简单的条形基础或井格式基础不能适应地基变形的需要时,常将墙或柱下基础连成一片,使整个建筑物的荷载承受在一块整板上,这种满堂的板式基础称为筏形基础。

筏形基础一般可分为平板式筏形基础和梁板式筏形基础两种类型(图2.7),也可按上部结构形式分为柱下筏形基础和墙下筏形基础两类。

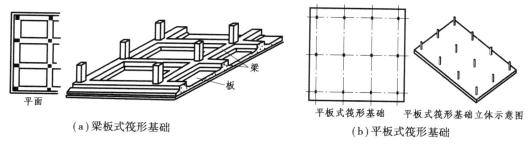

（a）梁板式筏形基础　　　　　（b）平板式筏形基础

图 2.7　筏形基础

钢筋混凝土筏形基础具有施工简单、基础整体刚度好和能调节建筑物不均匀沉降等特点,它的抗震性能也较好。

①筏板厚度。筏板厚度可根据上部结构开间和荷载大小确定。梁板式筏基的筏板厚度不得小于 200 mm,且板厚与板格的最小跨度之比不宜小于 1/20。平板式筏基的板厚度应根据受冲切承载力确定,且最小厚度不宜小于 400 mm。

②筏板平面尺寸。筏板的平面尺寸应根据地基承载力、上部结构的布置以及荷载分布等因素确定。需要扩大筏形基础底板面积时,扩大位置宜优先考虑在建筑物的宽度方向。对基础梁外伸的梁板式筏形基础,底板挑出的长度,从基础梁外皮起算横向不宜大于 1 200 mm,纵向不宜大于 800 mm;对平板式筏形基础,其挑出长度从柱外皮起算横向不宜大于 1 000 mm,纵向不宜大于 600 mm。

③筏板混凝土。筏板混凝土强度等级不应低于 C30。当有防水要求时,混凝土的抗渗等级不应低于 S6,并应进行抗裂度验算。

④筏板配筋。筏板配筋率一般以 0.5% ~ 1.0% 为宜。当板厚度小于 300 mm 时单层配筋,板厚度等于或大于 300 mm 时双层配筋。受力钢筋的最小直径不宜小于 8 mm,间距 100 ~ 200 mm,当有垫层时,混凝土保护层的厚度不宜小于 35 mm。筏板的分布钢筋,直径取 8 mm、10 mm,间距 200 ~ 300 mm。为了更好地发挥薄板的抗弯和抗裂能力,筏板配筋不宜粗而疏。

（5）箱形基础

箱形基础是由钢筋混凝土顶板、底板、侧墙和一定数量内隔墙构成的,具有相当大的整体刚度的箱形结构,如图 2.8 所示。

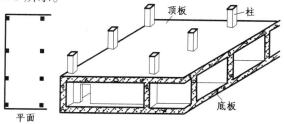

图 2.8　箱形基础

箱形基础埋置于地面以下一定深度,能与基底和周围土体共同工作,从而增加建筑物的整体稳定性,并对抗震具有良好的作用,是具有人防、抗震及地下室要求的高层建筑的理想基础形式之一。

由于箱形基础需要进行大面积和较深的土方开挖,所以基底深处土的自重应力和水压力之和较大,往往能够补偿建筑物的基底压力,形成补偿基础。

箱形基础必须满足使用要求和基础自身刚度的要求,其高度一般取建筑物高度的1/15,且不宜小于箱基长度的1/20,并不应小于3 m。

4.基础埋置深度

基础埋置深度(简称"埋深")是指室外地坪到基础底面的距离,如图2.9所示。

1)类别

● 深基础——埋置深度大于5 m;

● 浅基础——埋置深度小于0.5~5 m。

2)影响基础埋深的因素

基础埋深的选择关系到地基基础的优劣、施工的难易和造价的高低。建筑物上部荷载的大小、地基土质的好坏、地下水位的高低、土的冰冻深度以及新旧建筑物的相邻交接关系等,都会影响基础埋深。

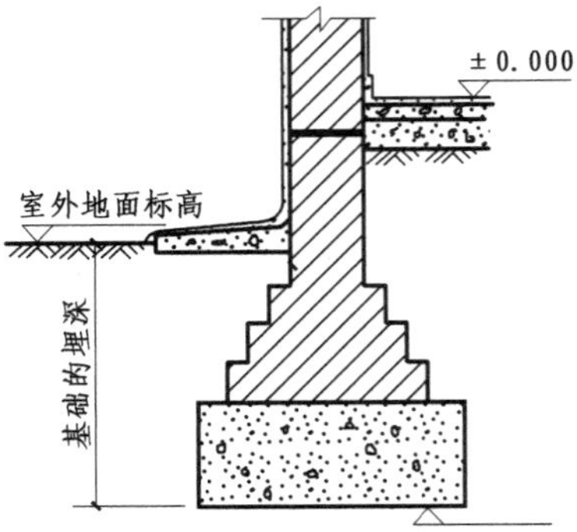

图2.9 基础埋置深度

(1)与建筑物及场地环境有关的条件

为了保护基础不受人类和生物活动的影响,基础应埋置在地表以下,其最小埋深为0.5 m,且基础顶面至少应低于设计地面0.1 m,同时又要便于建筑物周围排水的布置。

选择基础埋深时必须考虑荷载的性质和大小。一般地,荷载大的基础,其尺寸应大些,也应适当增加埋深。长期作用有较大水平荷载和位于坡顶、坡面的基础应有一定的埋深,以确保基础具有足够的稳定性。承受上拔力的结构,如输电塔基础,也要求有一定的埋深,以提供足够的抗拔阻力。

靠近原有建筑物修建新基础时,为了不影响原有基础的安全,新基础最好不低于原有的基础。若必须超过时,则两基础间净距应不小于其底面高差的1~2倍。若不能满足这一要求,施工期间应采取措施。此外,在使用期间,还要注意新基础的荷载是否将引起原有建筑物产生不均匀沉降。

当相邻基础必须选择不同埋深时,尽可能按先深后浅的次序施工。斜坡上建筑物的柱下基础有不同埋深时,应沿纵向做成台阶形,并由深到浅逐渐过渡。

(2)土层的性质和分布

直接支撑基础的土层称为持力层,在持力层下方的土层称为下卧层。为了满足建筑物对地基承载力和地基允许变形值的要求,基础应尽可能埋置在良好的持力层上。当地基受力层或沉降计算深度范围内存在软弱下卧层时,软弱下卧层的承载力和地基变形也应满足要求。

(3)地下水条件

有地下水存在时,基础应尽量埋置于地下水位以上,以避免地下水对基坑开挖、基础施工和使用期间的影响。如果基础埋深低于地下水位,则应考虑施工期间的基坑降水、坑壁支撑以及是否可能产生流砂、涌土等问题。对于具有侵蚀性的地下水,应采用抗侵蚀的水泥品种和相应的措施。对于有地下室的厂房、民用建筑和地下储罐,设计时还应考虑地下水的浮力和静水压力的作用以及地下结构抗渗漏的问题。

（4）土的冻胀影响

地面以下一定深度的地层温度随大气温度而变化。当地层温度降至 0 ℃以下时,土中部分孔隙水将冻结而形成冻土。冻土可分为季节性冻土和多年冻土两类。季节性冻土在冬季冻结而夏季融化,每年冻融交替一次。多年冻土则不论冬夏,常年均处于冻结状态,且冻结连续 3 年以上。我国季节性冻土分布很广,东北、华北和西北地区的季节性冻土层厚度在 0.5 m 以上,最大的可达 3 m 左右。

如果季节性冻土由细粒土组成,且土中水含量多而地下水位又较高,那么不但在冻结深度内的土中水被冻结形成冰晶体,而且未冻结区的自由水和部分结合水将不断向冻结区迁移、聚集,使冰晶体逐渐扩大,引起土体发生膨胀和隆起,形成冻胀现象。到了夏季,地温升高,土体解冻,造成含水量增加,使土处于饱和及软化状态,强度降低,建筑物下陷,这种现象称为融陷。位于冻胀区内的基础,在土体冻结时,受到冻胀力的作用而上抬。融陷和上抬往往是不均匀的,致使建筑物墙体产生方向相反、互相交叉的斜裂缝,或使轻型构筑物逐年上抬。

任务总结

基础是建筑物结构的重要组成部分。基础的形式和布置,要合理地配合上部结构的设计,满足建筑物的整体要求,同时要做到便于施工、降低造价。认识基础的构造形式,理解基础的受力分析是进行基础施工图识读和钢筋工程量计算的第一步。

思考题

1. 筏形基础、独立基础分别适用于哪种工程情况?

2. 基础底面积的大小取决于何种因素?

任务 2.2　识读基础构件平法施工图

通过本任务的学习,你将能够:

1. 掌握独立基础、筏形基础、条形基础平法制图规则;

2. 理解独立基础、筏形基础、条形基础的配筋构造要求。

任务说明

1. 请说出独立基础、筏形基础、条形基础平法制图规则,并指出常见独立基础、筏形基础、条形基础的配筋构造要求;

2. 识读英才公寓项目结施-05“基础平面布置图”,指出英才公寓项目的基础类型。

任务分析

1. 英才公寓项目采用什么基础形式？

2. 英才公寓项目中基础的强度等级为多少？基础埋置深度是多少？

3. 独立基础、筏形基础、条形基础的平法制图规则如何表达？如何识读基础的尺寸、基础的配筋？

4. 22G101—3图集中独立基础、筏形基础、条形基础的配筋有何构造要求？

5. 英才公寓项目的基础类型有几种？

任务实施

1. 独立基础平法施工图制图规则

独立基础平法施工图,有平面注写、截面注写和列表注写3种表达方式,设计者可根据具体工程情况选择一种,或将两种方式相结合进行独立基础的施工图设计。当绘制独立基础平面布置图时,应将独立基础平面与基础所支承的柱一起绘制。当设置基础联系梁时,可根据图面的疏密情况,将基础联系梁与基础平面布置图一起绘制,或将基础联系梁布置图单独绘制。在独立基础平面布置图上应标注基础定位尺寸;当独立基础的柱中心线或杯口中心线与建筑轴线不重合时,应标注其定位尺寸。编号相同且定位尺寸相同的基础,可仅选择一个进行标注。

独立基础的
平法表示

1)独立基础编号

独立基础编号按表 2.1 的规定。

表 2.1 独立基础编号

类 型	基础底板截面形状	代 号	序 号
普通独立基础	阶形	DJj	××
	锥形	DJz	××
杯口独立基础	阶形	BJj	××
	锥形	BJz	××

2)独立基础的平面注写方式

独立基础的平面注写方式分为集中标注和原位标注两部分内容。

（1）集中标注

普通独立基础和杯口独立基础的集中标注是在基础平面布置图上集中引注基础编号、截面竖向尺寸、配筋三项必注内容,以及基础底面标高(与基础底面基准标高不同时)和必要的文字注解两项选注内容。独立基础集中标注的具体内容规定如下:

①注写独立基础编号(必注内容),编号由代号和序号组成,应符合表 2.1 的规定。

②注写独立基础截面竖向尺寸(必注内容),如图 2.10 所示。普通独立基础竖向尺寸由下而上注写,各阶尺寸用斜线"/"分开。

③配筋以 B 代表各种独立基础底板的底部配筋。x 向配筋以 X 打头,y 向配筋以 Y 打头

注写;当两方向配筋相同时,则以 X & Y 打头注写。

④注写基础底面标高(选注内容)。当独立基础的底面标高与基础底面基准标高不同时,应将独立基础底面标高直接注写在"(　　　)"内。

⑤必要的文字注解(选注内容)。当独立基础的设计有特殊要求时,宜增加必要的文字注解。例如,基础底板配筋长度是否采用减短方式等,可在该项内注明。

(2)原位标注

独立基础的原位标注是在基础平面布置图上标注独立基础的平面尺寸。对相同编号的基础,可选择一个进行原位标注;当平面图形较小时,可将所选定进行原位标注的基础按比例适当放大;其他相同编号者仅注写编号。

3)独立基础的截面注写方式

独立基础采用截面注写方式,应在基础平面布置图上对所有基础进行编号,标注独立基础的平面尺寸,并用剖面号引出对应的截面图;对相同编号的基础,可选择一个进行标注。对单个基础进行截面标注的内容和形式,与传统"单构件正投影表示方法"基本相同。对于已在基础平面布置图上原位标注清楚的该基础的平面几何尺寸,在截面图上可不再重复表达,具体表达内容可参照 22G101—3 中相应的标准构造。

4)独立基础的列表注写方式

独立基础采用列表注写方式,应在基础平面布置图上对所有基础进行编号,见表 2.1。

对多个同类基础,可采用列表注写(结合平面和截面示意图)的方式进行集中表达。表中内容为基础截面的几何数据和配筋等,在平面和截面示意图上应标注与表中栏目相对应的代号。列表的具体内容规定如下:

(1)普通独立基础

普通独立基础列表集中注写栏目为:

①编号:应符合表 2.1 的规定。

②几何尺寸:水平尺寸 x、y,x_i、y_i,$i=1,2,3\cdots$;竖向尺寸 $h_1/h_2/\cdots$。

③配筋:B:X ⱷ××@ ×××,Y ⱷ××@ ×××。

普通独立基础列表格式见表 2.2。

表 2.2　普通独立基础几何尺寸和配筋表

基础编号/截面号	截面几何尺寸						底部配筋(B)	
	x	y	x_i	y_i	h_1	h_2	x 向	y 向

注:表中可根据实际情况增加栏目。例如:当基础底面标高与基础底面基准标高不同时,加注基础底面标高;当为双柱独立基础时,加注基础顶部配筋或基础梁几何尺寸和配筋;当设置短柱时增加短柱尺寸及配筋等。

(2)杯口独立基础

杯口独立基础列表集中注写栏目为:

①编号:应符合表2.1的规定。

②几何尺寸:水平尺寸 x、y,x_u、y_u,x_{u_i}、y_{u_i},t_i,x_i、y_i,$i=1,2,3\cdots$;竖向尺寸 α_0、α_1,$h_1/h_2/h_3\cdots$。

③配筋:B:X $\oplus$×× @ ×××,Y $\oplus$×× @ ×××,Sn×$\oplus$××,O ×$\oplus$××/×$\oplus$××/×$\oplus$××,ϕ××@ ×××/×××。

杯口独立基础列表格式见表2.3。

表2.3 杯口独立基础几何尺寸和配筋表

基础编号/截面号	截面几何尺寸								底部配筋(B)		杯口顶部钢筋网(Sn)	短柱配筋(O)	
	x	y	x_i	y_i	α_0	α_1	h_1	h_2	x 向	y 向		角筋/x 边中部筋/y 边中部筋	杯口壁箍筋/其他部位箍筋

注:①表中可根据实际情况增加栏目。如当基础底面标高与基础底面基准标高不同时,加注基础底面标高,或增加说明栏目等。
②短柱配筋适用于高杯口独立基础,并适用于杯口独立基础杯壁有配筋的情况。

2.独立基础底板配筋构造及计算公式

1)独立基础底板配筋构造

(1)单柱独立基础底板配筋构造

单柱独立基础底板配筋构造如图2.10所示。

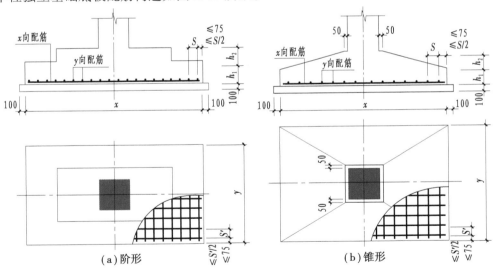

独立基础DJj、DJz、BJj、BJz底板配筋构造

图2.10 独立基础配筋构造

①独立基础底板双向交叉钢筋长向设置在下,短向设置在上;

②基础底板钢筋距边缘≤75 mm且≤$S'/2$处起设;

③锥形独立基础的上边缘每边超出柱边50 mm。

（2）独立基础底板配筋长度减短 10% 构造

独立基础底板配筋长度减短 10% 构造如图 2.11 所示。

①当独立基础底板长度≥2 500 mm 时,除外侧钢筋外,底板配筋长度可取相应方向底板长度的 0.9 倍,交错放置,四边最外侧钢筋不缩短。

②当非对称独立基础底板长度≥2 500 mm,但该基础某侧从柱中心至基础底板边缘的距离<1 250 mm 时,钢筋在该侧不应减短。

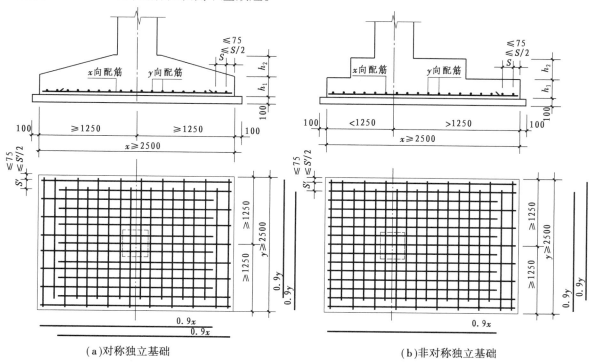

图 2.11　独立基础底板配筋长度减短 10% 构造

2）独立基础底板钢筋计算公式

（1）配筋长度不缩减

x 向钢筋长度 = x 向基础构件外形尺寸 $-2C$

x 向钢筋根数 = [y 向基础构件外形尺寸 $-2×\min(75,S'/2)$] / 布筋间距 $S'+1$

y 向钢筋长度 = y 向混凝土构件外形尺寸 $-2C$

y 向钢筋根数 = [x 向混凝土构件外形尺寸 $-2×\min(75,S/2)$] / 布筋间距 $S+1$

（2）独立基础底板钢筋长度缩减 10%

当独立基础底板长度≥2 500 mm 时,除外侧钢筋外,底板配筋长度可取相应方向底板长度的 0.9 倍。

①对称独立基础配筋（柱在基础的中心）:

x 向外侧钢筋长度 = x 向基础构件外形尺寸 $-2C$

x 向外侧钢筋根数 = 2 根（一侧各一根）

x 向其余钢筋长度 = x 向基础构件外形尺寸 $×0.9$

x 向其余钢筋根数=[y 向基础构件外形尺寸−2×min(75,S'/2)]/布筋间距 S'−1

y 向外侧钢筋长度=y 向混凝土构件外形尺寸−2C

y 向外侧钢筋根数=2 根(一侧各一根)

y 向其余钢筋长度=y 向基础构件外形尺寸×0.9

y 向其余钢筋根数=[x 向基础构件外形尺寸−2×min(75,S/2)]/布筋间距 S−1

②非对称独立基础配筋:

当非对称独立基础底板长度≥2 500 mm,但该基础某侧从柱中心至基础底板边缘的距离<1 250 mm 时,钢筋在该侧不应缩减,即非对称独立基础配筋(一端为隔一缩减)。

x 向外侧钢筋长度=x 向基础构件外形尺寸−2C

x 向外侧钢筋根数=2 根(一侧各一根)

x 向其余钢筋(两侧均不缩减)长度=外侧钢筋长度

x 向其余钢筋(两侧均不缩减)根数=(y 向基础构件外形尺寸−两端起步距离)/两侧均不缩减钢筋间距+1

x 向其余钢筋(一侧缩减的钢筋)长度=x 向基础构件外形尺寸×0.9

x 向其余钢筋(一侧缩减的钢筋)根数=两侧均不缩减的钢筋根数−1(因为隔一缩减,所以比另一种少一根)

y 向外侧钢筋长度=y 向基础构件外形尺寸−2C

y 向外侧钢筋根数=2 根(一侧各一根)

y 向其余钢筋(两侧均不缩减)长度(与外侧钢筋相同)=y 向基础构件外形尺寸−2C

y 向其余钢筋根数=(x 向基础构件外形尺寸−两端起步距离)/间距+1

y 向其余钢筋(一侧缩减的钢筋)长度=y 向基础构件外形尺寸×0.9

y 向其余钢筋(一侧缩减的钢筋)根数=两侧均不缩减的钢筋根数−1(因为隔一缩减,所以比另一种少一根)

3. 筏形基础平法施工图制图规则

1)筏形基础类型

筏形基础是现代大型建筑物的主要基础形式,按有无基础梁分为梁板式筏形基础和平板式筏形基础两种类型。筏形基础的类型及构件组成详见表2.4。

表2.4 筏形基础的构件分析

筏形基础分类	构件组成	
梁板式筏形基础[图2.12(a)]	基础梁	基础主梁(柱下)JL
		基础次梁 JCL
	基础平板 LPB	
平板式筏形基础(一)[图2.12(b)]	柱下板带 ZXB	
	跨中板带 KZB	
平板式筏形基础(二)[图2.12(c)]	基础平板 BPB	

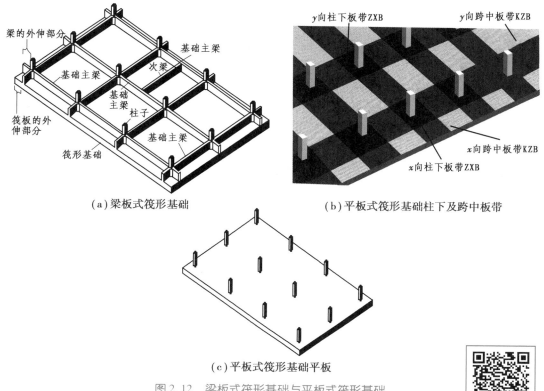

（a）梁板式筏形基础　　　　　　　　　（b）平板式筏形基础柱下及跨中板带

（c）平板式筏形基础平板

图2.12　梁板式筏形基础与平板式筏形基础

2）梁板式筏形基础平法施工图制图规则

（1）梁板式筏形基础平法施工图的表示方法

梁板式筏形基础平法施工图，系在基础平面布置图上采用平面注写方式进行表达。

当绘制基础平面布置图时，应将梁板式筏形基础与其所支承的柱、墙一起绘制。梁板式筏形基础以多数相同的基础平板底面标高作为基础底面基准标高。当基础底面标高不同时，需注明与基础底面基准标高不同之处的范围和标高。

通过选注基础梁底面与基础平板底面的标高高差来表达两者间的位置关系，可以明确其"高板位"（梁顶与板顶一平）、"低板位"（梁底与板底一平）以及"中板位"（板在梁的中部）三种不同位置组合的筏形基础，方便设计表达。

对于轴线未居中的基础梁，应标注其定位尺寸。

（2）梁板式筏形基础的构件类型及编号

梁板式筏形基础的构件类型及编号见表2.5。

表2.5　梁板式筏形基础的构件类型及编号

构件类型	代　号	序　号	跨数及有否外伸
基础主梁（柱下）	JL	××	（××）或（××A）或（××B）
基础次梁	JCL	××	（××）或（××A）或（××B）

续表

构件类型	代　号	序　号	跨数及有否外伸
基础平板	LPB	××	—

注：①(××A)为一端有外伸,(××B)为两端有外伸,外伸不计入跨数。例如 JL7(5B)表示第 7 号基础主梁,5 跨, 两端有外伸。

②梁板式筏形基础平板跨数及是否有外伸分别在 x、y 两向的贯通纵筋之后表达。图面从左至右为 x 向,从下至上为 y 向。

③22G101—1 中基础次梁 JCL 表示端支座为铰接;当基础次梁 JCL 端支座下部钢筋为充分利用钢筋的抗拉强度时,用 JCLg 表示。

梁板式筏形基础主梁与条形基础梁编号与标准构造详图一致。

(3)基础主梁与基础次梁的平面注写方式

基础主梁 JL 与基础次梁 JCL 的平面注写方式,分为集中标注与原位标注两部分内容。当集中标注中的某项数值不适用于梁的某部位时,则将该项数值采用原位标注,施工时,原位标注优先。

①集中标注。

标注位置:应在第一跨(x 向为左端跨,y 向为下端跨)引出。

标注内容:

A. 注写基础梁的编号。基础梁的编号按表 2.5 的规定注写。

B. 注写基础梁的截面尺寸。以 $b \times h$ 表示梁截面宽度与高度;当为竖向加腋梁时,用 $b \times h Y c_1 \times c_2$ 表示,其中 c_1 为腋长,c_2 为腋高。

C. 注写基础梁的箍筋。

a. 当采用一种箍筋间距时,注写钢筋种类、直径、间距与肢数(写在括号内)。

b. 当采用两种箍筋时,用斜线"/"分隔不同箍筋,按照从基础梁两端向跨中的顺序注写。先注写第 1 段箍筋(在前面加注箍数),在斜线后再注写第 2 段箍筋(不再加注箍数)。

【注意】两向基础主梁相交的柱下区域,应有一向截面较高的基础主梁箍筋贯通设置;当两向基础主梁高度相同时,任选一向基础主梁箍筋贯通设置。

D. 注写基础梁的纵筋。

a. 以 B 打头,先注写梁底部贯通纵筋(不应少于底部受力钢筋总截面面积的 1/3)。当跨中所注根数少于箍筋肢数时,需要在跨中加设架立筋以固定箍筋,注写时采用"+"将贯通纵筋与架立筋相联,架立筋注写在加号后面的括号内。

b. 以 T 打头,注写梁顶部贯通纵筋。注写时用分号";"将底部与顶部贯通纵筋隔开,如有个别跨与其不同,按原位注写的规定处理。

c. 当梁底部或顶部贯通纵筋多于一排时,用斜线"/"将各排纵筋自上而下分开。

d. 以大写字母 G 打头注写基础梁两侧面对称设置的纵向构造钢筋的总配筋值(当梁腹板高度 h_w 不小于 450 mm 时,根据需要配置)。当需要配置抗扭纵向钢筋时,梁两个侧面设置的抗扭纵向钢筋以 N 打头。

E. 注写基础梁底面标高高差(选注内容)。该标高高差指筏形基础梁与筏形基础平板底面标高的高差值(如"高板位"与"中板位"基础梁的底面与基础平板底面标高的高差值),将该标高高差注写在"(　　　)"内,无高差时不注(如"低板位"筏形基础的基础梁)。

②原位标注。

A.注写梁端(支座)区域的底部全部纵筋(包含贯通纵筋与非贯通纵筋在内的所有纵筋)。

a.当底部纵筋多于一排时,用斜线"/"将各排纵筋自上而下分开。

b.当同排纵筋有两种直径时,用加号"+"将两种直径的纵筋相联,注写时角筋写在前面。

c.当梁中间支座两边的底部纵筋配置不同时,需在支座两边分别标注;当梁中间支座两边的底部纵筋相同时,可仅在支座的一边标注配筋值。

d.当梁端(支座)区域的底部全部纵筋与集中注写过的贯通纵筋相同时,可不再重复做原位标注。

e.竖向加腋梁加腋部位钢筋,需在设置加腋的支座处以 Y 打头注写在括号内。

B.注写基础梁的附加箍筋或(反扣)吊筋。

C.当基础梁外伸部位变截面高度时,在该部位原位注写 $b×h_1/h_2$,h_1 为根部截面高度,h_2 为尽端截面高度。

D.注写修正内容。当在基础梁上集中标注的某项内容不适用于某跨或某外伸部分时,则将其修正内容原位标注在该跨或该外伸部位,施工时原位标注取值优先。

基础梁的平面注写示例如图 2.13 所示。

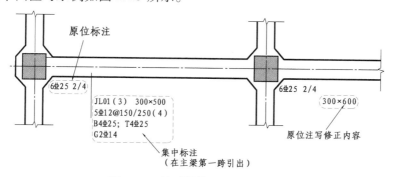

图 2.13　基础梁的平面注写示例

(4)梁板式筏形基础平板的平面注写方式

梁板式筏形基础平板 LPB 的平面注写,分为集中标注与原位标注两部分内容。梁板式筏形基础平板 LPB 的集中标注,应在所表达的板区双向均为第一跨(x 与 y 双向首跨)的板上引出(图面从左至右为 x 向,从下至上为 y 向)。

板区划分条件:板厚相同、基础平板底部与顶部贯通纵筋配置相同的区域为同一板区。

集中标注:包括板的编号、板厚、板底部与顶部贯通纵筋及其跨数与外伸情况,详见图 2.14 中 LPB 标注说明。

原位标注:板底部附加非贯通纵筋,详见图 2.14 中 LPB 标注说明。

梁板式筏形基础基础平板LPB标注说明

集中标注说明：集中标注应在双向均为第一跨引出

注写形式	表达内容	附加说明
LPB××	基础平板编号，包括代号和序号	为梁板式基础的基础平板
h=××××	基础平板厚度	
X:B⊕××@×××;(4B) Y:B⊕××@×××; T⊕××@×××;(3B)	x或y向底部与顶部贯通纵筋强度级别、直径、间距（跨数及外伸情况）	底部与顶部贯通纵筋应有不少于1/3贯通全跨，注意贯通纵筋的具体设置应符合全跨。顶部非贯通纵筋组合设置应全跨连通，详见制图规则。顶部贯通纵筋用T引导，用B引导底部贯通纵筋。（×A）：一端有外伸；（×B）：两端均有外伸，无外伸则仅注跨数（×）。图面从左至右为x向，从下至上为y向

板底部附加非贯通纵筋的原位标注说明：原位标注应在基础梁下相同配筋跨的第一跨下注写

注写形式	表达内容	附加说明
Ⓧ⊕××@×××;[x₁×A;×B] （基础梁）	板底部附加非贯通纵筋编号、强度级别、直径、间距（相同配筋横向布置的跨数及外伸情况）；自基础梁中心线分别向两边跨内的伸出长度值	当向两侧对称伸出时，可只在一侧标注伸出长度值。外伸部位一侧的伸出长度与方式按标准构造，设计不注。相同非贯通纵筋只注写一处，其他仅在中粗虚线上注写编号。与贯通纵筋组合设置时的具体要求详见相应制图规则
注写修正内容	某部位集中标注与原位标注不同的内容	原位标注修正内容优先

注：板底支座处实际配筋为集中标注的板底贯通纵筋与原位标注的板底附加非贯通纵筋之和。图注中注明的其他内容见制图规则第4.6.2条；有关标注的其他规定详见相应制图规则。

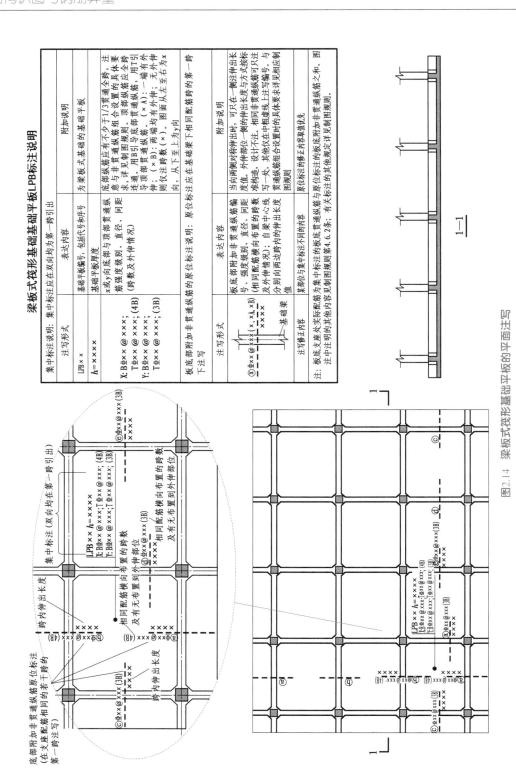

图2.14 梁板式筏形基础平板的平面注写

3)平板式筏形基础平法施工图制图规则

平板式筏形基础平法施工图,系在基础平面布置图上采用平面注写方式表达。当绘制基础平面布置图时,应将平板式筏形基础与其所支承的柱、墙一起绘制。当基础底面标高不同时,需注明与基础底面基准标高不同之处的范围和标高。

平板式筏形基础
的平法表示

(1)平板式筏形基础的构件类型及编号

平板式筏形基础可划分为柱下板带和跨中板带;也可不分板带,按基础平板进行表达。平板式筏形基础构件编号按表 2.6 的规定。

表 2.6　平板式筏形基础的构件类型及编号

构件类型	代 号	序 号	跨数及有无外伸
柱下板带	ZXB	××	(××)或(××A)或(××B)
跨中板带	KZB	××	(××)或(××A)或(××B)
平板式筏形基础平板	BPB	××	—

注:①(××A)为一端有外伸,(××B)为两端有外伸,外伸不计入跨数。

②平板式筏形基础平板,其跨数及是否有外伸分别在 x、y 两向的贯通纵筋之后表达。图面从左至右为 x 向,从下至上为 y 向。

(2)柱下板带、跨中板带的平面注写方式

柱下板带 ZXB(视其为无箍筋的宽扁梁)与跨中板带 KZB 的平面注写,分板带底部与顶部贯通纵筋的集中标注与板带底部附加非贯通纵筋的原位标注两部分内容。

①柱下板带与跨中板带的集中标注。

柱下板带与跨中板带的集中标注,应在第一跨(x 向为左端跨,y 向为下端跨)引出。具体规定如下:

a.注写编号,按表 2.6 的规定注写。

b.注写截面尺寸,注写 $b=××××$ 表示板带宽度(在图注中注明基础平板厚度)。

c.注写底部与顶部贯通纵筋。注写底部贯通纵筋(B 打头)与顶部贯通纵筋(T 打头)的规格与间距,用分号";"将其分隔开。柱下板带的柱下区域,通常在其底部贯通纵筋的间隔内插空设有(原位注写的)底部附加非贯通纵筋。

板带集中标注内容详见表 2.7。

表 2.7　板带集中标注内容

集中标注说明:集中标注应在第一跨引出		
注写形式	表达内容	附加说明
ZXB××(×B)或 KZB××(×B)	柱下板带或跨中板带编号,具体包括代号、序号(跨数及外伸状况)	(×A):一端有外伸;(×B):两端均有外伸;无外伸则仅注跨数(×)
$b=××××$	板带宽度(在图注中应注明板厚)	板带宽度取值与设置部位应符合规范要求
B ⟟××@ ×××; T ⟟××@ ×××	底部贯通纵筋强度等级、直径、间距;顶部贯通纵筋强度等级、直径、间距	底部纵筋应有不少于 1/3 贯通全跨,注意与非贯通纵筋组合设置的具体要求,详见制图规则

②柱下板带与跨中板带的原位标注。

注写内容:以一段与板带同向的中粗虚线代表附加非贯通纵筋;柱下板带:贯穿其柱下区域绘制;跨中板带:横贯柱中线绘制。在虚线上注写底部附加非贯通纵筋的编号(如①、②等)、钢筋种类、直径、间距,以及自柱中线分别向两侧跨内的伸出长度值。当向两侧对称伸出时,长度值可仅在一侧标注,另一侧不注。外伸部位的伸出长度与方式按标准构造,设计不注。对同一板带中底部附加非贯通纵筋相同者,可仅在一根钢筋上注写,其他可仅在中粗虚线上注写编号。

原位注写的底部附加非贯通纵筋与集中标注的底部贯通纵筋,宜采用"隔一布一"的方式布置,即柱下板带或跨中板带底部附加非贯通纵筋与贯通纵筋交错插空布置,其标注间距与底部贯通纵筋相同(两者实际组合后的间距为各自标注间距的1/2)。

【例】 柱下区域注写底部附加非贯通纵筋③Φ22@300,集中标注的底部贯通纵筋也为 BΦ22@300,表示在柱下区域实际设置的底部纵筋为Φ22@150。其他部位与③号筋相同的附加非贯通纵筋仅注编号③。

【例】 柱下区域注写底部附加非贯通纵筋②Φ25@300,集中标注的底部贯通纵筋为 BΦ22@300,表示在柱下区域实际设置的底部纵筋为Φ25 和Φ22 间隔布置,相邻Φ25 和Φ22之间距离为 150 mm。

柱下板带及跨中板带原位标注内容详见表2.8。

表 2.8 板带原位标注内容

板底部附加非贯通纵筋原位标注说明		
注写形式	表达内容	附加说明
(图示:柱下板带与跨中板带原位标注虚线图例 ⓐΦ××@××× ×××× / 柱下板带:ⓐΦ××@××× ×××× / 跨中板带:ⓑΦ××@××× ××××)	底部非贯通纵筋编号、强度等级、直径、间距;自柱中线分别向两边跨内的伸出长度值	同一板带中其他相同非贯通纵筋可仅在中粗虚线上注写编号。向两侧对称伸出时,可只在一侧注伸出长度值。向外伸部位的伸出长度与方式按标准构造,设计不注。与贯通纵筋组合设置时的具体要求详见相应制图规则
修正内容原位注写	某部位与集中标注不同的内容	原位标注的修正内容取值优先

柱下板带及跨中板带标注图示如图 2.15 所示。

(3)平板式筏形基础平板 BPB 的平面注写方式

平板式筏形基础平板 BPB 的平面注写,分为板底部与顶部贯通纵筋的集中标注与板底部附加非贯通纵筋的原位标注两部分内容。当仅设置底部与顶部贯通纵筋而未设置底部附加非贯通纵筋时,则仅做集中标注。

基础平板 BPB 的平面注写与柱下板带 ZXB、跨中板带 KZB 的平面注写虽是不同的表达方式,但可以表达同样的内容。当整片板式筏形基础配筋比较规律时,宜采用 BPB 表达方式。

①平板式筏形基础平板 BPB 的集中标注。

平板式筏形基础平板 BPB 的集中标注,当某向底部贯通纵筋或顶部贯通纵筋的配置,在跨内有两种不同间距时,先注写跨内两端的第一种间距,并在前面加注纵筋根数(以表示其分布的范围);再注写跨中部的第二种间距(不需加注根数);两者用斜线"/"分隔。

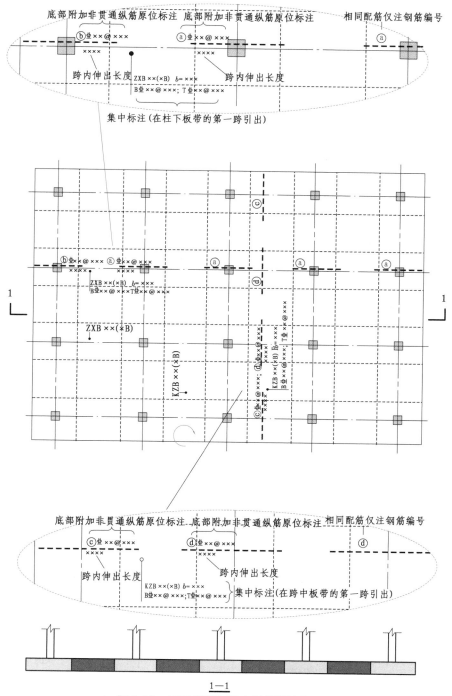

图 2.15　柱下板带与跨中板带标注图示

平板式筏形基础平板 BPB 的集中标注说明见表 2.9。

表 2.9　平板式筏形基础平板 BPB 的集中标注说明

注写形式	表达内容	附加说明
集中标注说明:集中标注应在双向均为第一跨引出		
BPB××	基础平板编号,包括代号和序号	为平板式筏形基础的基础平板
$h=××××$	基础平板厚度	
X:BΦ××@×××; TΦ××@×××;(4B) Y:BΦ××@×××; TΦ××@×××;(3B)	x 或 y 向底部与顶部贯通纵筋强度等级、直径、间距(跨数及外伸情况)	底部纵筋应有不少于 1/3 贯通全跨,注意与非贯通纵筋组合设置的具体要求,详见制图规则。顶部纵筋应全跨贯通。用 B 引导底部贯通纵筋,用 T 引导顶部贯通纵筋。(×A):一端有外伸;(×B):两端均有外伸;无外伸则仅注跨数(×)。图面从左至右为 x 向,从下至上为 y 向

【例】　X:B12Φ22@150/200;T10Φ20@150/200 表示基础平板 x 向底部配置Φ22 的贯通纵筋,跨两端间距为 150 mm 各配 12 根,跨中间距为 200 mm;x 向顶部配置Φ20 的贯通纵筋,跨两端间距为 150 mm 各配 10 根,跨中间距为 200 mm(纵向总长度略)。

②平板式筏形基础平板 BPB 的原位标注。

BPB 的原位标注主要表达横跨柱中心线下的底部附加非贯通纵筋。在配置相同的若干跨的第一跨,垂直于柱中线绘制一段中粗虚线代表底部附加非贯通纵筋,在虚线上注写内容。

平板式筏形基础平板 BPB 的原位标注说明见表 2.10。

表 2.10　平板式筏形基础平板 BPB 的原位标注说明

注写形式	表达内容	附加说明
板底部附加非贯通纵筋的原位标注说明:原位标注应在基础梁下相同配筋跨的第一跨下注写		
ⓧΦ××@×××(×,×A,×B) ━ ━ ━ ┼ ━ ━ ━ ×××× 柱中线	底部附加非贯通纵筋编号、强度等级、直径、间距(相同配筋横向布置的跨数及有无布置到外伸部位);自支座边线分别向两边跨内的伸出长度值	当向两侧对称伸出时,可只在一侧注伸出长度值。外伸部位一侧的伸出长度与方式按标准构造,设计不注。相同非贯通纵筋可只注写一处,其他仅在中粗虚线上注写编号。与贯通纵筋组合设置时的具体要求详见相应制图规则
注写修正内容	某部位与集中标注不同的内容	原位标注的修正内容取值优先

注:板底支座处实际配筋为集中标注的板底贯通纵筋与原位标注的板底附加非贯通纵筋之和。图注中注明的其他内容见 22G101—3 制图规则第 5.5.2 条;有关标注的其他规定详见制图规则。

③平板式筏形基础的其他标注内容。

a.注明板厚。当整片平板式筏形基础有不同板厚时,应分别注明各板厚值及其各自的分布范围。

b.当在基础平板周边沿侧面设置纵向构造钢筋时,应在图注中注明。

c.应注明基础平板外伸部位的封边方式,当采用 U 形钢筋封边时,应注明其种类、直径及间距。

d.当基础平板厚度>2 m 时,应注明设置在基础平板中部的水平构造钢筋网。

e.板的上、下部纵筋之间设置拉筋时,应注明拉筋的种类、直径、双向间距等。

f.应注明混凝土垫层厚度与强度等级。

g.当基础平板同一层面的纵筋相交叉时,应注明何向纵筋在下,何向纵筋在上。

h.当在基础平板外伸阳角部位设置放射筋时,应注明放射筋的种类、直径、根数以及设置方式等。

4.梁板式筏形基础钢筋构造及计算公式

1)梁板式筏形基础底板配筋构造

(1)基础端部有外伸构造

基础端部有外伸构造,如图 2.16(a)所示。

①筏板面筋、底筋伸入外伸端,弯折 $12d$;

②板的第一根筋距离基础梁边缘为1/2 板筋间距,且不大于 75 mm。

(2)基础端部无外伸构造

基础端部无外伸构造,如图 2.16(b)所示。

①筏板面筋伸入基础梁,自基础梁边缘算起满足≥$12d$,且至少到支座中线;

②筏板底筋伸入基础梁,自基础梁外侧弯折 $15d$;

③板的第一根筋距离基础梁边缘为1/2 板筋间距,且不大于 75 mm。

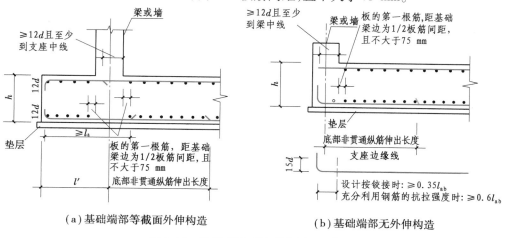

(a)基础端部等截面外伸构造　　　(b)基础端部无外伸构造

图 2.16　梁板式筏形基础底板配筋构造

（3）板边缘侧面封边构造

板边缘侧面封边构造如图 2.17 所示。

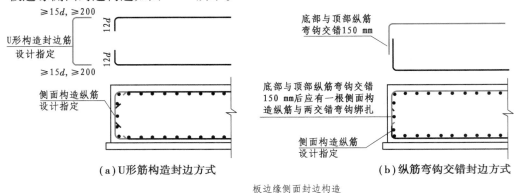

（a）U形筋构造封边方式   （b）纵筋弯钩交错封边方式

板边缘侧面封边构造

（外伸部位变截面时侧面构造相同）

图 2.17 板边缘侧面封边构造

2）梁板式筏形基础板的钢筋计算公式

（1）端部等截面外伸计算

底（顶）部贯通纵筋的长度＝筏板总长度－2×保护层厚度+2×12d

根数＝实际分布范围/钢筋间距+1

（2）端部无外伸计算

底部贯通纵筋的长度＝筏板总长度－2×保护层厚度+15d

顶部贯通纵筋的长度＝筏板总长度－2×基础梁宽+2×max（12d,基础梁宽/2）

底（顶）部贯通纵筋的根数＝（实际分布范围－2×起步距离）/钢筋间距+1

3）梁板式筏形基础主梁的钢筋计算公式

（1）梁板式筏形基础主梁的钢筋构造要求

22G101—3 图集中关于基础梁的钢筋构造要求总结于表 2.11 中。

表 2.11 梁板式筏形基础梁的钢筋构造要求

		纵向构造	第 2-23 页
纵向钢筋	基础主梁	竖向加腋构造	第 2-24 页
		端部构造	第 2-25 页
		侧面构造	第 2-26 页
		变截面构造	第 2-27 页
	基础次梁	纵向及端部外伸构造	第 2-29 页
		竖向加腋构造	第 2-30 页
		梁底不平和变截面构造	第 2-31 页
箍筋	基础主梁		第 2-23 和 2-24 页
	基础次梁		第 2-29 和 2-30 页

基础梁纵向钢筋与箍筋构造如图 2.18 所示。基础梁端部与外伸部位钢筋构造如图 2.19 所示。

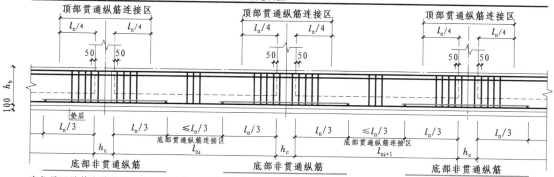

图 2.18　基础梁纵向钢筋与箍筋构造

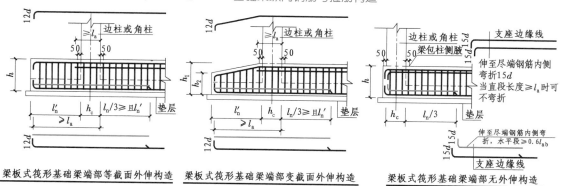

图 2.19　基础梁端部与外伸部位钢筋构造

（2）梁板式筏形基础主梁的钢筋计算公式

由基础主梁的钢筋构造要求可以总结出基础主梁钢筋长度的计算公式。

①顶部和底部贯通纵筋（端部无外伸）：

$$长度＝梁长-2×保护层厚度+2×15d$$

②顶部和底部贯通纵筋（端部有外伸）：

$$长度＝梁长-2×保护层厚度+2×12d$$

③边支座底部非贯通纵筋：

$$长度＝伸出长度+支座宽度-保护层厚度+15d$$

④中间支座底部非贯通纵筋：

$$长度＝两端伸出长度+支座宽度$$

⑤箍筋：

外大箍箍筋长度＝（梁宽-2×保护层厚度+梁高-2×保护层厚度）×2+2×1.9d+

$$\max(10d,75)×2$$

里小箍箍筋长度 $= \left[(梁宽-2\times保护层厚度)\times\dfrac{n_1-1}{n-1} \right] \times 2 + (梁高-保护层厚度\times 2)\times 2 +$

$\qquad 1.9d\times 2 + \max(10d,75)\times 2$

其中，n_1 为小箍筋内部纵筋根数；n 为大箍筋内部纵筋根数。

箍筋根数 $=(加密区长度/加密区间距+1)\times 2 +(非加密区长度/非加密区间距-1)+1$

5. 条形基础平法施工图制图规则

1）条形基础的类型及编号

条形基础包括梁板式条形基础和板式条形基础，如图 2.20 所示。梁板式条形基础包括基础梁和条形基础底板；板式条形基础不设基础梁，只有条形基础底板。22G101—3 图集中对条形基础构件的命名见表 2.12。

条形基础的
平法表示

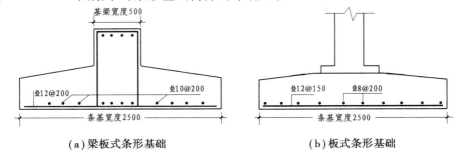

（a）梁板式条形基础   （b）板式条形基础

图 2.20　条形基础

表 2.12　条形基础的构件及代号

条形基础构件		代　号	序　号	跨数及有无外伸
基础梁		JL		（××）端部无外伸
条形基础底板	坡形	TJBp	××	（××A）一端外伸
	阶形	TJBj		（××B）两端外伸

注：条形基础通常采用坡形截面或单阶形截面。

2）条形基础平法施工图制图规则

（1）条形基础梁的平面注写方式

条形基础梁的平面注写方式，分为集中标注和原位标注两部分内容，见表 2.13。

表 2.13　条形基础注写内容

条形基础梁 平面注写内容	集中标注	基础梁编号
		截面尺寸
		配筋
		基础梁底面标高（与基础底面基准标高不同时）
		必要的文字注解
	原位标注	基础梁支座的底部纵筋（包含贯通纵筋与非贯通纵筋在内的所有纵筋）
		附加箍筋或（反扣）吊筋
		外伸部位的变截面高度尺寸
		原位注写修正内容

①集中标注内容。

A. 基础梁编号（必注内容），见表 2.12。

B. 注写基础梁截面尺寸（必注内容）。注写 $b \times h$，表示梁截面宽度与高度。当为竖向加腋梁时，用 $b \times h$ $Yc_1 \times c_2$ 表示，其中 c_1 为腋长，c_2 为腋高。

C. 注写基础梁配筋（必注内容）。

a. 注写基础梁底部、顶部及侧面纵向钢筋：以 B 打头，注写梁底部贯通纵筋（不应少于梁底部受力钢筋总截面面积的 1/3）；以 T 打头，注写梁顶部贯通纵筋。当梁底部或顶部贯通纵筋多于一排时，用斜线"/"将各排纵筋自上而下分开，同梁的平面注写方式。

b. 注写基础梁箍筋：当具体设计仅采用一种箍筋间距时，注写钢筋种类、直径、间距与肢数（箍筋肢数写在括号内）；当具体设计采用两种箍筋时，用斜线"/"分隔不同箍筋，按照从基础梁两端向跨中的顺序注写，先注写第 1 段箍筋（在前面加注箍筋道数），在斜线后再注写第 2 段箍筋（不再加注箍筋道数）。

【注意】两向基础梁相交的柱下区域，应有一向截面较高的基础梁按梁端箍筋贯通设置；当两向基础梁截面高度相同时，任选一向基础梁箍筋贯通设置。

c. 以大写字母 G 打头注写梁两侧面对称配置的纵向构造钢筋的总配筋值（当梁腹板高度 h_w 不小于 450 mm 时，根据需要配置）。当需要配置抗扭纵向钢筋时，梁两个侧面设置的抗扭纵向钢筋以 N 打头。

D. 注写基础梁底面标高（选注内容）。当条形基础的底面标高与基础底面基准标高不同时，将条形基础底面标高注写在"（　　　）"内。

E. 必要的文字注解（选注内容）。

条形基础集中标注示例如图 2.21 所示。

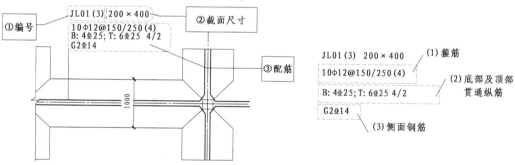

图 2.21　条形基础集中标注示例

②原位标注内容。

a. 注写基础梁支座的底部纵筋，包括贯通纵筋与非贯通纵筋在内的所有纵筋。

b. 注写基础梁的附加箍筋或（反扣）吊筋。当两向基础梁十字交叉，但交叉位置无柱时，应根据需要设置附加箍筋或（反扣）吊筋。

c. 注写基础梁外伸部位的变截面高度尺寸，注写为 $b \times h_1/h_2$，h_1 为根部截面高度，h_2 为尽端截面高度。

d. 原位注写修正内容。

（2）条形基础底板的平面注写方式

条形基础底板 TJBp、TJBj 的平面注写方式,分集中标注和原位标注两部分内容。

①集中标注内容。

a.注写条形基础底板编号(必注内容),编号由代号和序号组成,应符合表 2.12 的规定。

b.注写条形基础底板截面竖向尺寸(必注内容)。注写为 $h_1/h_2\cdots$,当条形基础底板为坡形截面时,注写为 h_1/h_2(自下而上注写)。

c.注写条形基础底板底部及顶部配筋(必注内容)。基础底板底部横向受力钢筋以 B 打头,底板顶部横向受力钢筋以 T 打头,注写时用斜线"/"分隔条形基础底板的横向受力钢筋与纵向分布钢筋。

d.注写条形基础底板底面标高及必要的文字注解(选注内容)。

②原位标注内容。

a.原位注写条形基础底板的平面定位尺寸。原位标注 b、b_i,$i=1,2,\cdots$。其中,b 为基础底板总宽度,b_i 为基础底板台阶的宽度。当基础底板采用对称于基础梁的坡形截面或单阶形截面时,b_i 可不注。

b.原位注写修正内容。当在条形基础底板上集中标注的某项内容,如底板截面竖向尺寸、底板配筋、底板底面标高等,不适用于条形基础底板的某跨或某外伸部分时,可将其修正内容原位标注在该跨或该外伸部位,施工时原位标注取值优先。

条形基础平面注写方式如图 2.22 所示。

6.条形基础底板钢筋构造及计算公式

1)条形基础底板钢筋构造要求

条形基础底板钢筋构造要求如图 2.23 所示。

十字接:x 向受力筋满布,y 向受力筋伸入 $b/4$ 范围内布置;分布筋如图 2.23(a)所示。

转角接:两向受力筋满布,分布筋在交接处断开,搭接长度为 150 mm。

丁字接:x 向受力筋贯通;y 向受力筋伸入 $b/4$ 范围内布置;外侧分布筋贯通;内侧分布筋如图 2.23(b)所示,搭接长度为 150 mm。

【注意】在何种情况下,分布筋在梁宽范围内均不设置。

2)条形基础底板钢筋计算公式

受力筋长度=基础宽度−2×保护层厚度+弯钩的增加长度(光圆钢筋才有)

受力筋根数=基础实际分布范围/钢筋间距 +1

交接处断开的分布筋长度=跨内净长+2×保护层厚度+2×150+弯钩的增加长度(光圆钢筋才有)

基础梁一侧分布筋的根数=[(基础宽度−基础梁宽度)/2−2×起步距离]/分布筋间距+1

桩基础的
平法表示

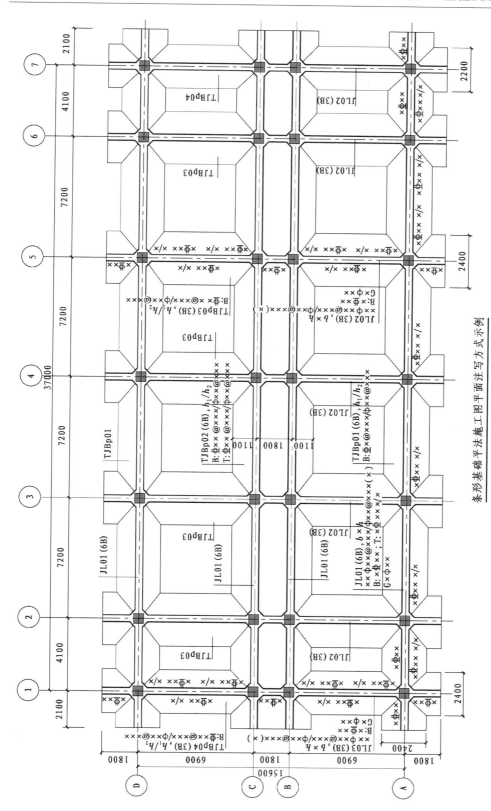

条形基础平法施工图平面注写方式示例

图 2.22　条形基础平面注写方式（22G101—3图集第 1-3 页）

注：±0.0000的绝对标高（m）：×××.×××；基础底面标高（m）：-×.×××。

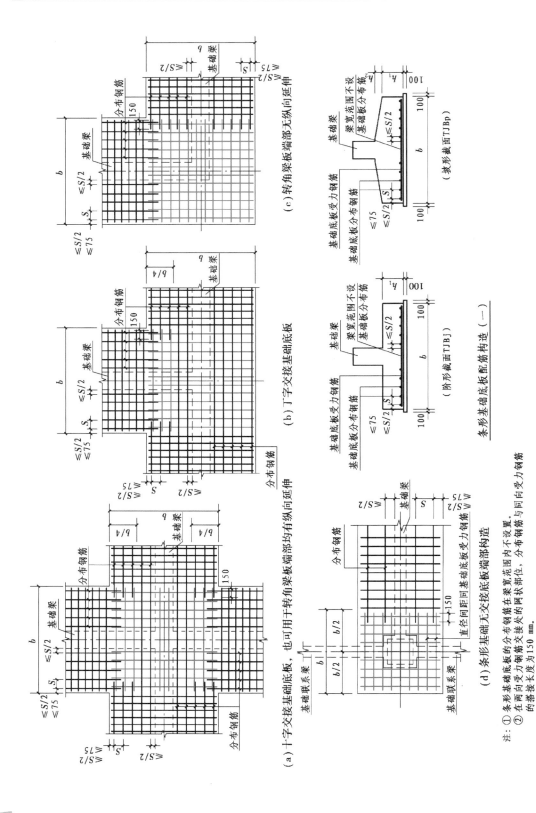

（a）十字交接基础底板，也可用于转角梁板端部均有纵向延伸

（b）丁字交接基础底板

（c）转角梁板端部无纵向延伸

（阶形截面TJBj）

（坡形截面TJBp）

基础底板配筋构造（一）

（d）条形基础无交接底板端部构造

条形基础底板配筋构造要求（22G101—3图集第2-20页）

注：① 条形基础底板的分布钢筋在梁宽范围内不设置。
② 在两向受力钢筋交接处的网状部位，分布钢筋与同向受力钢筋的搭接长度为150 mm。

图2.23　条形基础底板配筋构造要求（22G101—3图集第2-20页）

任务 2.3　计算独立基础钢筋工程量

通过本任务的学习,你将能够:

计算独立基础底板的钢筋工程量。

任务说明

识读英才公寓项目结施-05"基础平面布置图",计算英才公寓项目独立基础 DJz1 的钢筋工程量。

任务分析

1. 本工程采用什么基础形式?

2. 本工程中基础的强度等级为多少? 基础埋置深度是多少?

3. 独立基础钢筋计算需要哪些参数?

4. 独立基础钢筋计算公式如何?

任务实施

1. 图纸分析

1)基础类型

阅读英才公寓项目结施-02"结施设计总说明(一)"可知,英才公寓采用异形柱框架-剪力墙结构,采用了两种基础形式,即独立基础和筏形基础。

2)基础施工图分析

阅读英才公寓项目结施-05"基础平面布置图"可知,基础施工图包括基础平面布置图、独立基础配筋布置一览表、基础设计说明和基础局部详图。阅读基础平面布置图可知各独立基础和筏形基础的平面位置及平面尺寸。

3)独立基础的尺寸和配筋

独立基础的尺寸和配筋见表 2.14。

表 2.14　独立基础配筋布置一览表

独立基础配筋布置一览表			
DJz1　400/300 B:X ⏚16@150 　Y ⏚16@150	DJz2　400/300 B:X ⏚14@140 　Y ⏚14@140	DJz3　400/300 B:X ⏚14@140 　Y ⏚14@140	DJz4　400/300 B:X ⏚14@140 　Y ⏚14@140
DJz5　400/300 B:X ⏚14@140 　Y ⏚14@140	DJj6　700 B:X ⏚14@140 　Y ⏚14@140	DJz7　400/300 B:X ⏚14@140 　Y ⏚14@140	DJz8　400/300 B:X ⏚14@140 　Y ⏚14@140
DJj9　700 B:X ⏚14@140 　Y ⏚14@140	DJz10　400/300 B:X ⏚16@150 　Y ⏚16@150	DJz11　400/300 B:X ⏚16@150 　Y ⏚16@150	DJj12　700 B:X ⏚16@150 　Y ⏚16@150

从表 2.14 可以看出,本工程的独立基础有 12 个型号,为普通独立基础。其中,DJj6、DJj9、DJj12 为阶形基础,其他为锥形基础。

独立基础识读示例 1:

DJz1:独立锥形基础,编号 1;基础断面图如图 2.24 所示,竖向尺寸由下而上 $h_1 = 400$ mm,$h_2 = 300$ mm;B:X Φ 16@150,Y Φ 16@150 表示独立基础底板底部 x 向、y 向配筋。

独立基础识读示例 2:

DJj6:独立阶形基础,编号 6;基础断面图如图 2.25 所示,竖向尺寸由下而上 $h_1 = 700$ mm;B:X Φ 14@140,Y Φ 14@140 表示独立基础底板底部 x 向、y 向配筋。

图 2.24　锥形截面普通独立基础竖向尺寸　　　图 2.25　单阶形普通独立基础竖向尺寸

4)基础的材料和埋置深度及其他说明

基础的材料和埋置深度及其他说明详见"基础设计说明"。

2. 独立基础钢筋工程量的计算

以 DJz1 为例进行独立基础钢筋工程量的计算。

1)计算参数

查阅英才公寓项目结施-03"结构设计总说明(二)"第 8 部分可知,基础钢筋混凝土保护层厚度 $C = 40$ mm,起步距离 $= \min(75, 150/2) = 75$ mm。

2)钢筋工程量计算

①基础底面尺寸及配筋:查阅结施-05"基础平面布置图",可知 DJz1 的基础底面尺寸为 $x = 3\,200$ mm,$y = 2\,800$ mm,x 和 y 向配筋均为 Φ16@150。

②构造要求:基础底板尺寸>2 500 mm,为非对称独立基础,基础底板钢筋的构造要求参见图 2.23(b)。故将底板钢筋分为 x 向外侧不缩减钢筋和中间缩减钢筋,y 向底部钢筋分为不缩减钢筋和一侧缩减钢筋分别计算。

独立基础钢筋工程量计算过程见表 2.15。

表 2.15　独立基础 DJz1 钢筋工程量计算过程

钢　筋	计算过程	说　明
计算参数	保护层厚度 $C = 40$ mm;底板的第一根筋起步距离为 75 mm	结施设计说明(二)第 8 部分
x 向纵筋	外侧钢筋: 长度 $= x - 2C = (1\,850 + 1\,350) - 2 \times 40 = 3\,120$(mm) 根数 $= 2$(根)	钢筋排布见图 2.26
	x 向中间缩减 10% 的钢筋: 长度 $= x \times 0.9 = (1\,850 + 1\,350) \times 0.9 = 2\,880$(mm) 根数 $= (y - 2 \times$ 起步距离$)/$钢筋间距 $+ 1 - 2 = (1\,650 + 1\,150 - 2 \times 75)/150 + 1 - 2 = 17$(根)	

续表

钢　筋	计算过程	说　明
y 向纵筋	不缩减 外侧钢筋： 长度$=y-2C=(1\,650+1\,150)-2\times40=2\,720(\text{mm})$ 根数$=\dfrac{(x-2\times\text{起步距离})/150+1-2}{2}+2=12(\text{根})$ y 向一侧缩减 10% 的钢筋： 长度$=y\times0.9=(1\,650+1\,150)\times0.9=2\,520(\text{mm})$ 根数$=\dfrac{(x-2\times\text{起步距离})/150+1-2}{2}=10(\text{根})$	钢筋排布见图 2.26，非对称独立基础的钢筋排布

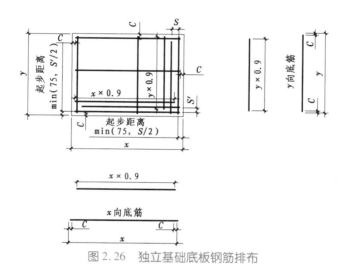

图 2.26　独立基础底板钢筋排布

任务总结

能够识读基础的平法施工图，从基础施工图中找到钢筋算量的数据，是钢筋算量的第一步；明确基础底板中钢筋的分布形式，理解独立基础的钢筋构造要求，查找钢筋算量的计算参数，是准确进行基础钢筋算量的关键。独立基础的钢筋构造要求有很多种情况，本书仅对最基本的钢筋构造要求进行了讲解。

思考题

识读英才公寓项目基础平面布置图，完成其他独立基础的钢筋工程量计算。

任务 2.4　计算筏形基础钢筋工程量

通过本任务的学习，你将能够：
计算筏形基础钢筋工程量。

任务说明

识读英才公寓项目结施-05"基础平面布置图",计算英才公寓筏形基础-1钢筋工程量。

任务分析

1. 筏形基础由哪些构件组成?

2. 筏形基础的埋置深度、计算参数如何查找?

3. 筏形基础的钢筋计算公式有哪些?

筏形基础
钢筋施工

任务实施

1. 图纸分析

1) 筏形基础-1的信息

(1) 平面位置

由英才公寓项目结施-05"基础平面布置图"可知,筏形基础-1的平面位置位于本工程④~⑥轴、Ⓔ~Ⓖ轴的竖向构件下。

(2) 基础主梁

基础主梁包括JL1(2B)、JL2(1B)、JL3(1B)、JL4(1A)。由JL1的集中标注(图2.27)可知:JL1(2B)为两跨,两端带悬挑,截面宽度为350 mm,高度为1 000 mm,箍筋为Φ8@200,四肢箍;梁顶部和底部分别配置4Φ22纵筋。其他主梁截面尺寸和配筋见各梁的集中标注。

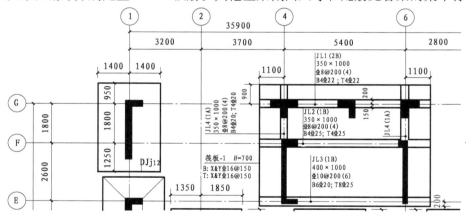

图2.27 筏形基础-1的平法施工图(局部)

(3) 筏板

由基础平板集中标注可知,板厚$H=700$ mm,板底部和顶部x、y向配筋均为Φ16@150,如图2.27所示。

2) 筏形基础-2的信息

(1) 平面位置

由英才公寓项目结施-05"基础平面布置图"可知,筏形基础-2的平面位置位于本工程⑩~⑭轴、Ⓔ~Ⓖ轴的竖向构件下。

(2) 基础主梁

基础主梁包括JL1a(2B)、JL2a(1B)、JL3(1B)、JL4(1A)。由JL1a的集中标注(图2.28)

可知:JL1a(2B)为两跨,两端带悬挑,截面宽度为 350 mm,高度为 1 000 mm,箍筋为 Φ8@200,四肢箍;梁顶部配置 6Φ25 纵筋,梁底部配置 4Φ25 纵筋。其他主梁截面尺寸和配筋见各梁的集中标注。

(3)筏板

基础平板的板厚 $H = 700$ mm,板底部和顶部 x、y 配筋均为Φ16@150,如图 2.28 所示。

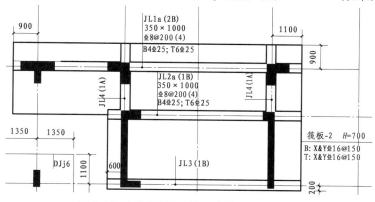

图 2.28　筏形基础-2 的平法施工图(局部)

2. 英才公寓项目筏形基础-1 筏板钢筋工程量计算

筏板的平面尺寸及位置如图 2.27 所示。

LPB 板的 x 向尺寸为:$x = (5\ 400 + 1\ 100 + 1\ 100)$ mm = 7 600 mm

LPB 板的 y 向尺寸为:$y = (2\ 600 + 1\ 800 + 900 + 200)$ mm = 5 500 mm

筏形基础-1 筏板钢筋工程量计算过程见表 2.16。

表 2.16　筏形基础-1 筏板钢筋工程量计算过程

钢　筋	计算过程	说　明
计算参数	保护层厚度 $C = 40$ mm; 板的第一根筋距基础梁边为 min(板筋间距/2,75)	结构设计总说明(二)第 8 部分
x 向顶部及底部贯通纵筋	长度 = $x - 2C + 2 \times 12d = 7\ 600 - 2 \times 40 + 2 \times 12 \times 16 = 7\ 904$(mm)	LPB 端部外伸部位的钢筋构造见图 2.16(a)
	EF 跨:根数 = [(2 600-200-350/2)-2×75]/150+1 = 15(根) FG 跨:根数 = [(1 800-350)-2×75]/150+1 = 10(根) 外伸部分:根数 = [(900-350/2)-2×75]/150+1 = 5(根)	板筋排布至基础梁边 (22G101—3 图集第 2-32 页)
y 向顶部贯通纵筋	长度 = y-梁宽/2-$2C$+max(梁宽/2,12d)+12d = 5 500-400/2 -2×40+max(400/2,12×16)+12×16 = 5 612(mm)	LPB 端部无外伸部位的钢筋构造见图 2.16(b)。max(梁宽/2,12d)为无外伸部位的上部纵筋的锚固长度
	左外伸部分:根数 = [(1 100-350/2)-2×75]/150+1 = 7(根) 右外伸部分:根数 = 左外伸部分 ④~⑥跨:根数 = [(5 400-350)-2×75]/150+1 = 34(根)	板筋排布至基础梁边 (22G101—3 图集第 2-32 页)

续表

钢　筋	计算过程	说　明
y 向底部贯通纵筋	长度 $= y-2C+15d+12d = 5\,500-2\times40+15\times16+12\times16 = 5\,852$（mm）	LPB 端部无外伸部位的钢筋构造见图 2.16(b)
	根数同 y 向顶部贯通纵筋	板筋排布至基础梁边（22G101—3 图集第 2-32 页）

3. 英才公寓项目筏形基础-1 基础主梁 JL1 钢筋工程量计算

JL1 上柱的位置及尺寸如图 2.29 所示,详见附录结施-06。JL1 钢筋工程量计算条件见表 2.17,计算过程见表 2.18。

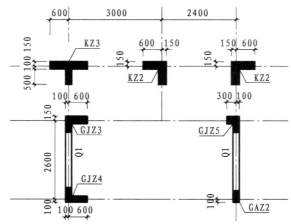

图 2.29　JL1 上柱的位置及尺寸

表 2.17　JL1 钢筋工程量计算条件

混凝土强度等级	混凝土保护层厚度	抗震等级	定尺长度	连接方式	l_{aE}/l_a
C30	40 mm	二级抗震		机械连接	$40d/35d$

表 2.18　JL1 钢筋工程量计算过程

钢　筋	计算过程	说　明
顶部及底部贯通纵筋	长度 $=$ 梁长 $-2C+2\times12d = 1\,100+5\,400+1\,100-2\times40+2\times12\times22 = 8\,048$（mm）	端部外伸部位的钢筋构造见图 2.19,顶部和底部钢筋弯折 $12d$
箍筋	箍筋计算详见模块 5	

4. 筏形基础中 U 形封边构造钢筋工程量计算

计算图 2.30 所示筏形基础的 U 形封边构造钢筋工程量,侧面构造纵筋为 Φ20@200,U 形封边筋为 Φ20@150,板边缘侧面封边构造如图 2.17(a)所示,基础保护层厚度均为 40 mm。

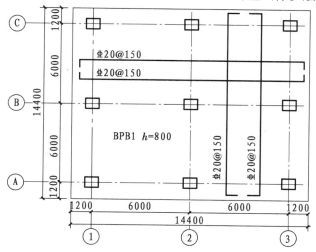

图 2.30　平板式筏形基础平面图

筏形基础中 U 形封边构造钢筋工程量计算见表 2.19。

表 2.19　筏形基础中 U 形封边构造钢筋工程量计算过程

钢　筋	计算过程	说　明
侧面构造钢筋	长度=筏板长度-2×保护层厚度+2×12d=14 400-2×40+2×12×20=(mm) 根数={取整(筏板厚度-上部保护层厚度-下部保护层厚度)/分布距离+1}×面数={(800-40-40)/200+1}×4=5×4=20(根)	侧面构造钢筋弯折12d
U 形封边筋	长度=(筏板厚度-上部保护层厚度-下部保护层厚度)+2×max(15d,200)=(800-40-40)+2×15×20=1 320(mm) 根数={取整(筏板长度-两端保护层厚度)/分布距离+1}×面数={(14 400-40-40)/150+1}×4=96×4=384(根)	U 形封边钢筋弯折长度≥15d,≥200 mm

5. 筏形基础中交错封边构造钢筋工程量计算

计算图 2.30 所示筏形基础 x 向交错封边构造钢筋工程量,侧面构造纵筋为 Φ20@200,筏形基础中交错封边构造如图 2.17(b)所示,基础保护层厚度均为 40 mm。

筏形基础中 x 向交错封边构造钢筋工程量计算见表 2.20。

表 2.20　筏形基础中 x 向交错封边构造钢筋工程量计算过程

钢　筋	计算过程	说　明
x 向 底部钢筋	长度=筏板 x 向长度-2×底部保护层厚度+两端弯折长度×{(筏板厚度-底部保护层厚度-顶部保护层厚度-150)/2+150}=14 400-2×40+2×{(800-40-40-150)/2+150}=14 320+2×435=15 190(mm) 根数={取整(筏板 y 向长度-两端保护层厚度)/分布距离+1}×面数={(14 400-40-40)/150+1}×1=96(根)	底部与顶部纵筋弯钩交错 150 mm
x 向 顶部钢筋	长度=筏板 x 向长度-2×顶部保护层厚度+两端弯折长度×{(筏板厚度-底部保护层厚度-顶部保护层厚度-150)/2+150}=14 400-2×40+2×{(800-40-40-150)/2+150}=14 320+2×435=15 190(mm) 根数={取整(筏板 y 向长度-两端保护层厚度)/分布距离+1}×面数={(14 400-40-40)/150+1}×1=96(根)	同上
x 向 侧面构造 纵筋	长度=(筏板 y 向长度-两端保护层厚度)+两端弯折长度=(14 400-40-40)+2×12×20=14 800(mm) 根数={取整(筏板厚度-底部保护层厚度-顶部保护层厚度)/分布距离+1}×面数={(800-40-40)/200+1}×2=5×2=10(根)	侧面构造纵筋弯折长度≥12 d

任务总结

筏形基础底板钢筋分为顶部两个方向的贯通纵筋和底部两个方向的贯通纵筋,以及板边缘侧面封边构造筋和支座负筋的计算,理解筏形基础的构造要求,明确钢筋排布是进行钢筋计算的关键。基础主梁的钢筋计算和框架梁的钢筋计算相似,具体构造要求请查阅 22G101—3 图集中基础梁钢筋的构造要求。

思考题

请尝试计算英才公寓项目中筏形基础-2 的筏板和基础主梁的钢筋工程量。

任务 2.5　计算条形基础钢筋工程量

通过本任务的学习,你将能够:
计算条形基础底板钢筋工程量。

任务说明

某工程条形基础如图 2.31 所示,基础梁宽为 300 mm,混凝土强度等级为 C30,基础混凝土保护层厚度为 40 mm。请识读条形基础施工图,并计算条形基础 TJBp04 钢筋工程量。

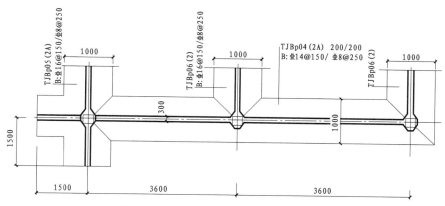

图2.31　某工程条形基础施工图(局部)

任务分析

1. 此条形基础属于哪种类型的条形基础? 由哪些构件组成?
2. 22G101—3图集中条形基础的钢筋有何构造要求?
3. 条形基础钢筋计算公式如何?

任务实施

1.图纸分析

1) 确定基础的类型

本工程的条形基础代号为TJBp04,可知此基础为坡形梁板式条形基础。

2) 识读基础数据

条形基础集中标注的内容及含义见表2.21。

表2.21　TJBp04标注信息

集中标注的内容		代表含义
编　号	TJBp04(2A)	2跨,一端外伸的坡形梁板式条形基础
截面尺寸	200/200	竖向尺寸 $h_1 = h_2 = 200$ mm
受力筋	$\Phi14@150$	基础底板底部横向受力钢筋
分布筋	$\Phi8@250$	纵向分布钢筋

由基础的平面尺寸标注可知,该条形基础的宽度 $B=1\,000$ mm。

2.梁板式条形基础底板钢筋工程量的计算

梁板式条形基础底板钢筋工程量计算见表2.22。

表2.22　条形基础底板钢筋工程量计算过程

钢　筋	计算过程	说　明
计算参数	保护层厚度 $C=40$ mm,第一根筋的起步距离=min(板筋间距/2,75)=75(mm)	

续表

钢　筋	计算过程	说　明
受力筋	长度＝$B-2C=1\ 000-2×40=920$（mm） 外伸部分： 根数＝$(1\ 500-300/2-150/2-75)/150+1=9$（根） 非外伸段： 根数＝$[3\ 600×2-300/2+1\ 000/2-2×75]/150+1=50$（根）	（22G101—3 图集第 2-20 页） 非外伸部位左端为十字接，受力筋满布；中间支座为丁字接，受力筋贯通；右支座为转交接，受力筋贯通
分布筋	（1）基础梁外侧 $b/4$ 范围内 非外伸段： 分布筋长度＝$3\ 600×2-2×500+2×150=6\ 500$（mm） 外伸部分： 分布筋长度＝$1\ 500-500+150=1\ 150$（mm） （2）基础梁内侧 $b/4$ 范围内 非外伸段： 分布筋长度＝$3\ 600-2×500+2×150=2\ 900$（mm） 外伸部分： 分布筋长度＝$1\ 500-500+150=1\ 150$（mm） （3）基础梁外侧、内侧 $b/4$ 范围外 $1\ 500+3\ 600+3\ 600+500-2×40=9\ 120$（mm）	丁字接外侧分布筋贯通；内侧分布筋在交接处断开，搭接长度为 150 mm
	基础梁一侧分布筋根数＝$(500-150-2×75)/250+1=2$（根）	

任务总结

本任务主要完成条形基础底板的钢筋工程量计算。在本任务中，深刻理解条形基础交接处分布钢筋和受力钢筋的构造要求是关键。

思考题

仔细阅读 22G101—3 图集第 2-20、2-21、2-22 页条形基础底板的钢筋构造要求。

拓展与思考

新中国成立以来，中国建筑从茅草土墙变成高楼林立最具活力城市建筑群，代表中国工程"高度"的上海中心大厦，代表中国工程"速度"的高铁工程，代表中国工程"跨度"的以港珠澳大桥为代表的中国桥梁工程，代表中国工程"难度"的"华龙一号"全球首堆示范工程，充分展示出我国工程建设技术已经达到世界领先水平，中国制造、中国建造向着中国创造迈进。

扫码学习"大国建造耀香江"，并结合党的二十大精神，谈谈你对大国建造的理解。

大国建造
耀香江

复习思考题

1. 独立基础底部钢筋的起步距离是多少?

2. 当独立基础底板长度≥2 500 mm 时,底板钢筋如何布置?

3. 绘制英才公寓项目结施-05"基础平面布置图"中 DJz2 在 x 或 y 方向的剖面图,标注各部位形状尺寸,并计算 x 向、y 向钢筋的长度和根数。

4. 基础梁集中标注箍筋信息为:9 Φ12@100/12@200(6),该信息如何理解?

5. 请解释图 2.32 中基础梁集中标注的信息,并分别指出图(a)和图(b)底部贯通纵筋弯折长度。

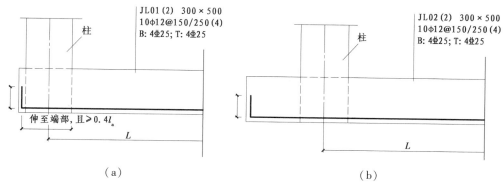

JL01(2)　300×500
10Φ12@150/250(4)
B: 4Φ25; T: 4Φ25

伸至端部,且≥0.4l_a

L

JL02(2)　300×500
10Φ12@150/250(4)
B: 4Φ25; T: 4Φ25

L

(a)　　　　　　　　　　　　　(b)

图 2.32　题 5 图

6. 根据筏形基础的制图规则,指出英才公寓项目结施-05"基础平面布置图"中筏形基础-2 的板厚和配筋。

7. 计算英才公寓项目结施-05"基础平面布置图"中筏形基础-2 的钢筋工程量。

8. 根据条形基础底板配筋构造要求,在图 2.33 中填空。

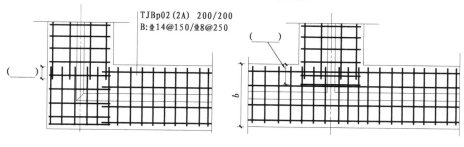

TJBp02(2A)　200/200
B:Φ14@150/Φ8@250

(　)

(　)

b

图 2.33　题 8 图

模块 3　柱构件钢筋工程量计算

【知识目标】

1. 理解柱的各种钢筋构造特点；
2. 识读框架柱的钢筋构造。

【能力目标】

1. 掌握柱的钢筋计算方法；
2. 计算框架柱的基础插筋、各层纵筋及箍筋的钢筋工程量。

【素养目标】

通过完成英才公寓项目中柱构件钢筋工程量计算,增强团队合作意识,培养一丝不苟、精益求精的工匠精神。

任务 3.1　柱构件受力分析和构造

通过本任务的学习,你将能够:

1. 了解柱构件钢筋受力情况;
2. 理解柱构件在建筑中的作用;
3. 掌握柱构件的基本构造要求和钢筋骨架内容。

任务说明

1. 请指出柱构件主要荷载和主要受力情况;
2. 请说出柱构件的基本构造要求;
3. 请说出柱构件的分类和钢筋骨架包括的内容。

任务分析

1. 柱在建筑中的作用是什么?
2. 柱构件有哪些类型?

60

3.柱构件内有哪些类型的钢筋?

4.柱构件的截面尺寸、配筋等构造要求是什么?

任务实施

1.柱构件受力分析

柱是建筑物的重要组成部分,主要承担竖向荷载,并把屋盖和楼盖荷载传至基础,是建筑结构中的主要承重构件。在框架结构中,由梁构件和柱构件组成框架共同抵抗使用过程中出现的水平荷载和竖向荷载。在压力、剪力和弯矩作用下,柱构件要满足强度、刚度和稳定性的要求。

受压构件是以承受轴向压力为主,并同时承受弯矩、剪力的构件,如多层框架房屋和单层厂房中的柱是典型的受压构件。受压构件按轴向压力在截面上作用位置的不同,分为轴心受压构件和偏心受压构件。理想的轴心受压构件实际上是不存在的,特别是在实际工程中,由于施工时钢筋位置和截面几何尺寸的误差、构件混凝土质量不均匀、荷载实际位置的偏差等因素,更不可能有真正的轴心受压构件。多层框架结构房屋的柱,在抗震作用下常同时受到轴向力和弯矩的作用,属于偏心受压构件。

2.柱的分类及钢筋骨架

22G101—1 图集将柱分为以下 3 种:框架柱 KZ、转换柱 ZHZ、芯柱 XZ。柱构件钢筋骨架如图 3.1 所示。

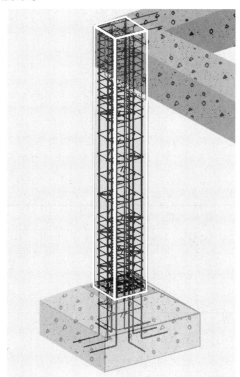

柱钢筋		
纵筋	基础插筋
	中间层钢筋
	顶层钢筋
箍筋	

图 3.1　柱构件钢筋骨架

3. 柱构件基本构造要求

钢筋混凝土柱构件截面形式的选择要考虑受力合理和模板制作方便。柱构件的截面形式一般为正方形或边长接近的矩形。建筑上有特殊要求时,可选择圆形或者多边形。偏心受压构件的截面形式一般多采用长宽比不超过 1.5 的矩形截面,承受较大荷载的装配式受压构件也常采用工字形截面。对于方形和矩形独立柱的截面尺寸,不宜小于 250 mm×250 mm,框架柱不宜小于 300 mm×400 mm。同时,柱截面尺寸还受到长细比的限制。因为柱子过于细长时,其承载力受稳定性控制,材料强度得不到充分发挥。为施工制作方便,柱截面尺寸还应符合模数化的要求,柱截面边长在 800 mm 以下时,宜取 50 mm 为模数;在 800 mm 以上时,可取 100 mm 为模数。

柱构件内纵筋的作用是帮助混凝土承担压力,防止混凝土出现突然的脆性破坏,并承受由于荷载偏心而引起的弯矩。柱箍筋的作用是与纵筋组成空间骨架,减少纵筋的计算长度,避免纵筋过早地压屈而降低柱的承载力,并且箍筋能加强对混凝土的约束程度,提高框架柱的弹塑性变形能力。箍筋加密区是对于抗震结构来说的,根据抗震等级的不同,箍筋加密区设置的规定也不同,加密范围按照《建筑抗震设计规范》(GB 50011—2010,2016 年版)规定,没有具体的计算公式。

任务总结

柱构件是建筑物的竖向承重构件,承受楼板和屋顶传给它的荷载。作为承重构件,柱构件必须具有足够的强度和稳定性。其中,钢筋混凝土柱构件的应用比较广泛,其内主要布置纵筋和箍筋,与混凝土共同承担外力,其直径、间距和布置都要满足相应的构造要求。

思考题

请对比框架柱和构造柱的受力及配筋要求,有什么不同?

拓展链接

1. 柱构件钢筋计算知识体系

柱构件钢筋计算的知识体系就是分析柱的种类、柱构件内钢筋种类以及这些钢筋在实际工程中会遇到哪些情况,如表 3.1 所示。这是理解柱构件钢筋计算的思路,在脑海里就要形成这样的蓝图,以便对柱构件的钢筋计算有一个宏观认识。

表 3.1　柱构件钢筋计算知识体系

柱构件钢筋计算知识体系	柱的分类:框架柱 KZ、转换柱 ZHZ、芯柱 XZ
	钢筋骨架:纵筋(基础层、中间层、顶层)、箍筋
	各种情况:边柱、角柱、中柱 变截面 变钢筋

2. 柱构件钢筋布置基本要求

当柱的截面尺寸按承载能力计算确定时,混凝土强度等级不应低于 C20。

柱纵向钢筋直径不宜小于 12 mm,一般取 12~32 mm,宜选用根数较少的粗直径钢筋以形成劲性较好的骨架,但纵筋根数不宜少于 4 根。在圆柱中,纵向钢筋一般应沿周边均匀布置,根数不宜少于 8 根,且不应小于 6 根。纵向钢筋的保护层厚度与梁相同。纵向钢筋间的净距离,对于垂直浇筑的混凝土柱,其最小净距不宜小于 50 mm;对于水平浇筑的柱(如预制柱),其最小净距与梁相同。偏心受压柱在垂直于弯矩作用平面配置的纵向受力钢筋和轴心受压柱中各边的纵向受力钢筋,其中距不应大于 300 mm。当偏心受压柱截面高度 $h \geqslant 600$ mm 时,侧边需设置直径为 $10 \sim 16$ mm 的纵向钢筋,并相应地设置复合箍筋或拉筋。

实验表明,纵筋配筋率过小则对提高柱的承载力作用不大。《混凝土结构设计规范》(GB 50010—2010,2015 年版)规定,对受压构件全部纵向钢筋配筋率:强度等级 500 MPa 时,不应小于 0.50%;强度等级为 400 MPa 时,不应小于 0.55%;强度等级 300 MPa 时,不应小于 0.55%;一侧纵向钢筋配筋率不应小于 0.2%。

任务 3.2　识读柱构件平法施工图

通过本任务的学习,你将能够:

1. 了解柱构件平法施工图制图规则;
2. 理解柱构件钢筋标注的含义;
3. 掌握柱构件平法钢筋构造。

任务说明

请说出常见柱类型的平法表达规则,并指出英才公寓项目结构施工图中柱构件的钢筋布置。

任务分析

1. 框架柱、转换柱、芯柱用什么符号表示?
2. 柱构件都设置了哪些钢筋?
3. 这些柱构件的钢筋是如何在结构平法施工图中表达的?
4. 英才公寓项目结构施工图中柱构件的钢筋是如何设置的?

任务实施

1. 柱平法施工图制图规则

柱平法施工图是在柱平面布置图上采用列表注写方式或截面注写方式表达柱构件的截面形状、几何尺寸、配筋等设计内容。

柱平面布置图可采用适当比例单独绘制,也可与剪力墙平面布置图合并绘制。

在柱平法施工图中,应注明各结构层的楼面标高、结构层高及相应的结构层号,尚应注明上部结构嵌固部位位置。

柱的平法表示

1) 列表注写方式

列表注写方式,是在柱平面布置图上(一般只需采用适当比例绘制一张柱平面布置图,包括框架柱、转换柱、芯柱等),分别在同一编号的柱中选择一个(有时需要选择几个)截面标注几何参数代号;在柱表中注写柱编号、柱段起止标高、几何尺寸(含柱截面对轴线的偏心情况)与配筋的具体数值,并配以柱截面形状及其箍筋类型的方式来表达柱平法施工图。柱平法施工图平面布置示例如图 3.2 所示,列表注写方式示例如图

3.3 所示。

列表注写方式绘制的柱平法施工图,具体包括以下几部分内容:

（1）结构层的楼面标高和结构层高

结构层楼面标高指楼层建筑标高扣除建筑面层及垫层做法厚度后的标高,结构层应含有地下及地上各层,同时注明相应结构楼层号（与建筑楼层号一致）。

（2）柱平面布置图

在柱平面布置图上,分别在不同编号的柱中各选择一个或者几个截面,标注柱的几何参数代号,如 b_1、b_2、h_1、h_2,以表示柱截面与轴线的关系。

（3）柱表

①柱编号。柱编号由柱类型代号和序号组成。如图 3.2 所示,KZ1 表示 1 号框架柱。

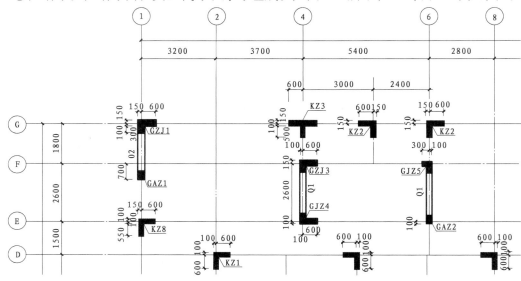

图 3.2 KZ1 平面布置图示例

②各段柱的起止标高。自柱根部往上以变截面位置或截面未变但配筋改变处为界分段注写。梁上起框架柱的根部标高指梁顶面标高;剪力墙上起框架柱的根部标高为墙顶面标高。从基础起的柱,其根部标高指基础顶面标高。当屋面框架梁上翻时,框架柱顶标高应为梁顶面标高。

③柱截面尺寸。对于矩形柱,注写柱截面尺寸 b×h 及与轴线关系的几何参数代号 b_1、b_2 和 h_1、h_2 的具体数值,需对应于各段柱分别注写。其中,$b=b_1+b_2$,$h=h_1+h_2$。当截面的某一边收缩变化至与轴线重合或偏到轴线的另一侧时,b_1、b_2、h_1、h_2 中的某项为零或者为负值。

④柱纵筋表示方法。当柱纵筋直径相同,各边根数也相同时（包括矩形柱、圆柱和芯柱）,将纵筋注写在"全部纵筋"一栏中。除此之外,柱纵筋分角筋、截面 b 边中部筋和 h 边中部筋三项分别注写（对于采用对称配筋的矩形截面柱,可仅注写一侧中部筋,对称边省略不注;对于采用非对称配筋的矩形截面柱,必须每侧均注写中部筋）。如图 3.3 所示,柱表中 KZ1 为剪力墙中柱,纵筋为 8⏀18+8⏀14,表示柱截面纵筋为 8 根直径为 18 mm 的 HRB400 钢筋和 8 根直径为 14 mm 的 HRB400 钢筋,均匀对称分布。

⑤柱箍筋类型和表示方法。在箍筋类型栏内注写按表 3.2 规定的箍筋类型编号和箍筋肢

数。箍筋肢数可有多种组合,应在表中注明具体的数值:m、n 及 Y 等。图 3.3 中,柱表中 KZ1 的箍筋为类型 1,$m×n$ 为 4×4。

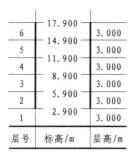

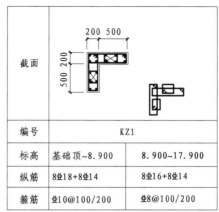

说明:柱表中×所指钢筋均为⽴14

图 3.3　KZ1 列表注写方式示例图

表 3.2　箍筋类型表

箍筋类型编号	箍筋肢数	复合方式
1	$m×n$	肢数 m　肢数 n
2	—	
3	—	
4	$Y+m+n$ 圆形箍	肢数 m　肢数 n

注:①确定箍筋肢数时应满足对柱纵筋"隔一拉一"以及箍筋肢距的要求。
　　②具体工程设计时,若采用超出本表所列举的箍筋类型或标准构造详图
　　　中的箍筋复合方式(见 22G101—1 图集第 2-17 页、第 2-18 页),应在施
　　　工图中另行绘制,并标注与施工图中对应的 b 和 h。

　　柱箍筋的表示内容包括钢筋种类、直径与间距。用斜线"／"区分柱端箍筋加密区与柱身非加密区长度范围内箍筋的不同间距。当箍筋沿柱全高为一种间距时,则不使用斜线"／"。施工人员需要根据标准构造详图的规定,在规定的几种长度值中取其最大者作为加密区长度。图 3.3 KZ1 柱表中,⽴8@100/200 表示箍筋为 HRB400 钢筋,直径为 8 mm,加密区间距为 100 mm,非加密区间距为 200 mm。

2）截面注写方式

截面注写方式,是在柱平面布置图的柱截面上,分别在同一编号的柱中选择一个截面,以直接注写截面尺寸和配筋具体数值的方式来表达柱平法施工图。首先对除芯柱之外的所有柱截面进行编号,从相同编号的柱中选择一个截面,按另一种比例原位放大绘制柱截面配筋图,并在各配筋图上继其编号后再注写截面尺寸 $b×h$、角筋或全部纵筋(当纵筋采用一种直径且能够图示清楚时)、箍筋的具体数值(箍筋的注写方式同列表注写方式),以及在柱截面配筋图上标注柱截面与轴线关系 b_1、b_2、h_1、h_2 的具体数值。

当纵筋采用两种直径时,需再注写截面各边中部筋的具体数值(对于采用对称配筋的矩形截面柱,可仅在一侧注写中部筋,对称边省略不注)。柱平法施工图截面注写方式示例如图3.4 所示。

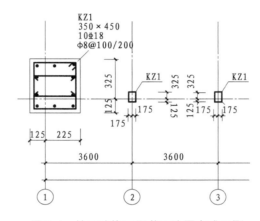

图3.4 柱平法施工图截面注写方式示例

2. 工程图纸中柱构件钢筋平法施工图

识读英才公寓项目结构施工图中关于柱构件的钢筋平法施工图,以框架柱 KZ1 为例,如图 3.2 和图 3.3 所示。KZ1 平法施工图采用列表注写方式,平面布置图中给出 KZ1 与轴线的位置关系。通过识读 KZ1 柱表,可以得到以下信息:

①该柱构件为“L”异形框架柱,柱编号为 KZ1,柱截面尺寸如图 3.3 中表格所示。

②1 层的结构层楼面标高为 2.900 m,由基础平面布置图(结施-05)可知,基础底面标高为 -1.900 m,基础高度为 700 mm。KZ1 的标高分别为基础顶 ~8.900 m 和 8.900 ~17.900 m 时,柱构件配筋有所不同。

③结构层标高为基础顶 ~8.900 m,KZ1 纵筋为 8 ⸴18+8 ⸴14,两个“×”所指处为 8 根直径 14 mm 的 HRB400 钢筋,其余 8 根直径 18 mm 的 HRB400 钢筋。结构层标高为 8.900 ~17.900 m,KZ1 的纵筋为 8 ⸴16+8 ⸴14,两个“×”所指处为 8 根直径 14 mm 的 HRB400 钢筋,其余为 8 根直径 16 mm 的 HRB400 钢筋。

④柱构件的箍筋为 4 个双肢箍复合而成,结构层标高为基础顶 ~8.900 m,箍筋为 ⸴10@100/200,表示箍筋为 HRB400 钢筋,直径为 10 mm,加密区间距为 100 mm,非加密区间距为 200 mm。结构层标高为 8.900 ~17.900 m,箍筋为 ⸴8@100/200,表示箍筋为 HRB400 钢筋,直径为 8 mm,加密区间距为 100 mm,非加密区间距为 200 mm。

任务总结

柱构件是竖向构件,与梁构件不同,梁构件的平法施工图主要阅读结构平面图中梁构件本身的施工图即可,而柱构件不是单独一层,是跨楼层形成一根完整的柱子。因此,除了阅读柱构件的截面尺寸及配筋信息外,还要阅读楼层与标高相关信息,概括起来一共有以下三方面内容:截面尺寸及配筋信息;适合于哪些楼层或标高;整个建筑物的楼层与标高。

思考题

通过识读英才公寓项目结构施工图,找出 KZ2、KZ3、KZ4 的钢筋布置信息。

拓展链接

①22G101 系列图集柱构件的组成。

对 22G101 系列图集中关于柱构件的内容进行有条理的整理,如关于柱构件的描述、柱的平法表示方法、构造详图等,具体内容见表 3.3。

表 3.3　22G101 系列图集中柱构件的组成

制图规则	22G101—1 图集 第 1-3 ~ 1-8 页	柱的分类		框架柱 KZ
				转换柱 ZHZ
				芯柱 XZ
		柱的平法 表示方法		列表注写
				截面注写
		柱的数据项		
		数据项的标注方法		
构造详图	基础以上部分	22G101—1 图集 第 2-9 ~ 2-18 页	框架柱	纵筋连接	2-9、2-10 页
				箍筋	2-10、2-11 页
				柱顶纵筋 构造	2-14 ~ 2-16 页
			梁上框架柱、 墙上框架柱	纵筋	2-12 页
				箍筋	2-12 页
			芯柱	2-18 页
			柱构件复合箍筋的组合方式	2-17 页
	基础插筋	筏形基础	22G101—3 图集第 2-10 页
		独基、条基等基础	22G101—3 图集第 2-10 页

②对剪力墙上框架柱,22G101—1 图集第 2-12 页提供了"柱纵筋锚固在墙顶部时柱根构造""柱与墙重叠一层"两种构造做法,设计人员应注明选用哪种做法。当选用"柱纵筋锚固在墙顶部时柱根构造"做法时,剪力墙平面外方向应设梁。

③对于圆柱,列表注写时,表中截面尺寸 $b×h$ 一栏改用在圆柱直径数字前加 d 表示,为表达简单,圆柱截面与轴线的关系也用 b_1、b_2、h_1、h_2 表示,并使 $d=b_1+b_2=h_1+h_2$。

④对于芯柱,根据结构需要,可以在某些框架柱的一定高度范围内,在其内部的中心位置设置(分别引注其编号)。芯柱中心应与柱中心重合,并标注其截面尺寸,按22G101—1图集标准构造详图施工;当设计者采用与22G101—1图集不同的做法时,应另行注明。芯柱定位随框架柱,不需要注写其与轴线的几何关系。

⑤在柱箍筋表示方法中,当框架节点核心区内箍筋与柱端箍筋设置不同时,应在括号中注明核心区箍筋直径及间距。例如,φ10@100/200(φ12@100)表示柱中箍筋为 HPB300 钢筋,直径为 10 mm,加密区间距为 100 mm,非加密区间距为 200 mm;框架节点核心区箍筋为 HPB300 钢筋,直径为 12 mm,间距为 100 mm。当圆柱采用螺旋箍筋时,需要在箍筋前加"L"。

任务 3.3 计算框架柱钢筋工程量

通过本任务的学习,你将能够:

1. 找出英才公寓项目中框架柱钢筋工程量计算参数;
2. 计算英才公寓项目中框架柱的钢筋工程量。

任务说明

计算英才公寓项目中②轴与①轴相交处 KZ1 的钢筋工程量,平法施工图如图 3.2 和图 3.3 所示。

任务分析

1. 完成计算任务涉及的图纸有哪些?抗震等级、混凝土强度等级、钢筋种类、保护层厚度、锚固长度、搭接长度分别为多少?

2. 每一根柱的编号、截面尺寸、纵筋类型及数量、箍筋类型及数量、起止标高等是否完整和正确?

3. 柱构件中要计算的钢筋种类有多少?柱纵向钢筋在 22G101—1 图集中如何规定?如何计算?

柱钢筋绑扎施工

4. 柱构件在基础内的插筋如何设置?如何计算?

5. 柱构件箍筋的布置范围和根数如何计算?

6. 柱纵向钢筋在顶部与屋面框架梁如何锚固?如何计算?

柱钢筋计算

任务实施

英才公寓项目涉及柱的图纸有结构设计总说明(一)、(二),结施-05、结施-06、结施-07,本工程为异形柱框架-剪力墙结构,柱的生根在基础底板,标高到层顶 17.900 m。基本锚固长度查结构设计总说明(一)、(二),柱混凝土强度等级地下到二层为 C40,二层以上为 C35,钢筋为 HRB400,抗震等级二级,C40 时 $l_{aE}=33d$,C35 时 $l_{aE}=37d$;柱所处环境类别为一类,混凝土保护层厚度为 25 mm。

1. 柱基础插筋计算

1）柱基础插筋连接构造

如图 3.5 所示，柱插入到基础中的预留接头的钢筋称为插筋。在浇筑基础混凝土前，将柱插筋留好，等浇筑完基础混凝土后，从插筋往上进行连接，以此类推，逐层往上连接。

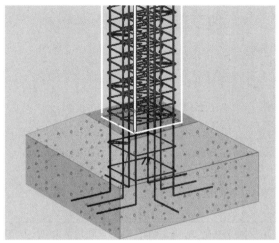

图 3.5　基础插筋示意图

柱基础插筋由两大段组成，一段是插入基础的部分，一段是伸出基础的部分，要分别考虑这两部分如何计算，计算思路见表 3.4。

表 3.4　柱基础插筋计算思路

计算项目		影响因素	
纵筋	基础内长度	基础类型	筏基基础梁
			筏基基础板
			独立基础
			条形基础
			大直径灌注桩
		基础深度	
	伸出基础高度	$H_n/3$	
箍筋		基础类型	

2）柱基础插筋工程量计算

①柱基础插筋的计算条件见表 3.5。

表 3.5　柱基础插筋的计算条件

基础混凝土强度等级	抗震等级	基础类型	基础底部保护层厚度	柱混凝土保护层厚度	钢筋连接方式	l_{aE}
C40	二级	独立基础	40 mm	25 mm	电渣压力焊	594 mm

②22G101—3 图集第 2-10 页有关于柱纵向钢筋在基础中的锚固规定,如图 3.6 所示。h_j 为基础底面到基础顶面的高度,本例基础为独立基础,$h_j = 700$ mm。工程量计算过程见表 3.6。

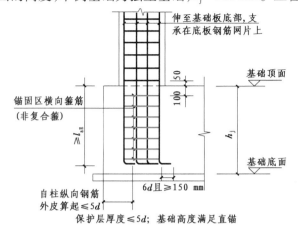

图 3.6 柱纵向钢筋在基础中的锚固构造

表 3.6 柱基础插筋工程量计算过程

基础内插筋长度	本例基础为独立基础,h_j 为基础底面到基础顶面高度,为 700 mm
	第 1 步:判断锚固方式 $700-40=660 > l_{aE}=594$,柱纵向钢筋伸至基础板底部并支承在底板钢筋网片上
	第 2 步:底部弯折长度 底部弯折长度 $= \max(6d, 150) = 150$(mm)
	第 3 步:计算基础内纵筋总长 $700-40+150 = 810$(mm)
伸出基础高度	$H_n/3$(错开连接),H_n 为所在楼层柱净高 $H_n/3 = (3\,000+1\,200-550)/3 = 1\,217$(mm)
箍筋根数	间距不小于 500 mm,不少于 2 道矩形封闭箍筋
	根数:2 根

2. 首层 KZ 钢筋计算

1)KZ 纵向钢筋构造

框架柱纵向钢筋的连接方式有绑扎搭接、机械连接、焊接连接 3 种方式。连接位置应避开非连接区,相邻纵向钢筋连接接头相互错开,在同一连接区段内钢筋接头面积百分率不宜大于50%。轴心受拉及小偏心受拉柱内的纵向钢筋不得采用绑扎搭接接头,设计者应在柱平法结构施工图中注明其平面位置及层数。框架柱纵向钢筋连接构造如图 3.7 所示。

①受力钢筋采用焊接连接接头时,相邻纵向钢筋连接接头中心至中心长度大于或等于 $35d(d$ 为钢筋直径),且不小于 500 mm。

②受力钢筋采用机械连接接头时,相邻纵向钢筋连接接头中心至中心长度大于或等于

$35d$(d 为钢筋直径)。

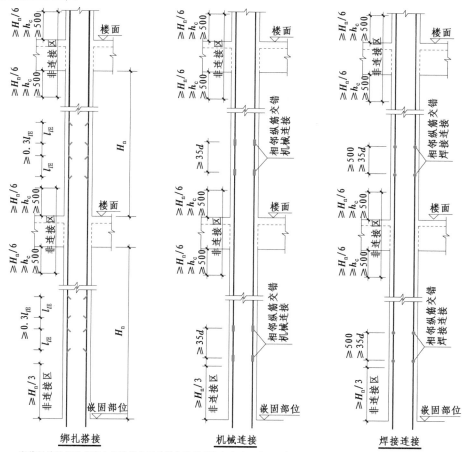

当某层连接区的高度小于纵筋分两批搭接所需要的高度时,应采用机械连接或焊接连接。

图 3.7　KZ 纵向钢筋连接构造

③受力钢筋采用绑扎搭接接头时,钢筋搭接长度为 l_{lE},相邻纵向钢筋连接接头中心至中心长度大于或等于 $0.3l_{lE}$。

④首层非连接区自嵌固部位向上钢筋长度大于或等于 $H_n/3$,其余非连接区位于楼层梁和梁上下钢筋长度取 $\max(H_n/6, h_c, 500)$,其中 H_n 为所在楼层柱净高,h_c 为柱截面长边尺寸。

2)KZ 纵向钢筋计算

①本工程以首层 KZ1 为例进行计算,计算条件见表 3.7,平法施工图见图 3.2 和图 3.3。

表 3.7　KZ1 的计算条件

混凝土强度等级	抗震等级	基础底部保护层厚度	柱混凝土保护层厚度	钢筋连接方式	l_{aE}
C40	二级	40 mm	25 mm	电渣压力焊	594 mm

②KZ1 计算过程见表 3.8。

表 3.8　KZ1 首层钢筋计算过程

纵筋	低位	计算公式=层高-本层下端非连接区高度+伸入上层非连接区高度
		本层下端非连接区高度=$H_n/3$=（3 000+1 200-550）/3=1 217（mm） 其中：H_n 为本层净高
		伸入 2 层的非连接区高度=$\max(H_n/6,h_c,500)$=$\max[(3 000-550)/6,h_c,500]$=700（mm）
		总长 = 3 000+1 200-1 217+700 = 3 683（mm）
	高位	计算公式=层高-本层下端非连接区高度-本层错开接头+伸入上层非连接区高度+上层错开接头
		本层下端非连接区高度=$H_n/3$=（3 000+1 200-550）/3=1 217（mm）
		错开接头=$\max(35d,500)$=500（mm）
		伸入 2 层的非连接区高度=$\max(H_n/6,h_c,500)$=$\max[(3 000-550)/6,h_c,500]$=700（mm）
		总长 = 3 000+1 200-1 217-500+700+500 = 3 683（mm）

　　3）KZ 箍筋计算

（1）箍筋长度计算方法

　　柱箍筋长度通常有两种算法，按中心线计算或按外皮计算。下面列举 4 种常用箍筋（图 3.8）的计算方法（按中心线长度）。

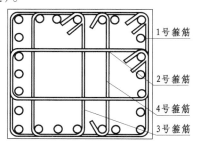

图 3.8　柱复合箍筋示意图

　　截面宽（高）度柱纵筋间距 j=［柱截面宽（高）度-2×保护层厚度]-柱纵筋直径 d]/（根数-1）

　　1 号箍筋长度=（b-2×保护层厚度）×2+（h-2×保护层厚度）×2+1.9d×2+$\max(10d,75)$×2

　　2 号箍筋长度=（2×柱纵筋间距 j+3×纵筋直径 d）×2+（h-2×保护层厚度）×2+1.9d×2+$\max(10d,75)$×2

　　3 号箍筋长度=（2×柱纵筋间距 j+3×纵筋直径 d）×2+（b-2×保护层厚度）×2+1.9d×2+$\max(10d,75)$×2

　　4 号箍筋分两种情况推导：

　　第一种情况：单支筋同时勾住纵筋和箍筋。

　　4 号箍筋长度=（h-2×保护层厚度）+1.9d×2+$\max(10d,75)$×2

　　第二种情况：单支筋只勾住纵筋。

4 号箍筋长度 $=(h-2\times$保护层厚度$-2\times$箍筋直径$)+1.9d\times2+\max(10d,75)\times2$

以图 3.9 为例,1 号箍筋和 2 号箍筋的长度计算过程见表 3.9。

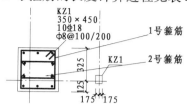

图 3.9　KZ1 箍筋示意图

表 3.9　KZ1 箍筋长度计算过程

1 号箍筋长度	$(b-2\times$保护层厚度$)\times2+(h-2\times$保护层厚度$)\times2+1.9d\times2+\max(10d,75)\times2=(350-2\times25)\times2+(450-2\times25)\times2+1.9\times8\times2+\max(10\times8,75)\times2=1\ 590(\text{mm})$
2 号箍筋长度	截面宽(高)度柱纵筋间距 $j=[$柱截面宽(高)度$-2\times$保护层厚度$-$柱纵筋直径$d\times$根数$]/($根数$-1)=(450-2\times25-4\times18)/(4-1)=109(\text{mm})$ 箍筋长度 $=(109+2\times18)\times2+(350-2\times25)\times2+1.9\times8\times2+\max(10\times8,75)\times2=1\ 080(\text{mm})$

（2）箍筋根数计算

箍筋加密区范围如图 3.10 所示。KZ1 在首层层高内,箍筋根数计算过程见表 3.10。

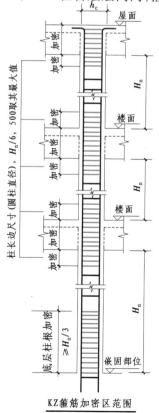

图 3.10　KZ 箍筋加密区范围

表 3.10　KZ1 箍筋根数计算过程

下部加密区长度	$H_n/3 = (3\,000+1\,200-550)/3 = 1\,217(\text{mm})$
上部加密区长度	梁板厚+梁下箍筋加密区高度 = 550+ $\max(H_n/6, h_c, 500)$ = 550+ $\max[(3\,000+1\,200-550)/6, 700, 500] = 550+700 = 1\,200(\text{mm})$
箍筋根数	$(1\,217/100+1)+(1\,200/100+1)+(3\,000+1\,200-1\,217-1\,200)/200-1$ $=34.1\approx35(根)$

3. 中间层 KZ 钢筋计算

二层 KZ 纵向钢筋和箍筋计算过程见表 3.11。

表 3.11　KZ1 二层钢筋计算过程

		计算公式 = 层高-本层下端非连接区高度+伸入上层非连接区高度
纵筋	高位(低位)	本层下端非连接区高度 = $\max(H_n/6, h_c, 500) = \max[(3\,000-550)/6, h_c, 500] = 700(\text{mm})$ 其中：H_n 为本层净高
		伸入三层的非连接区高度 = $\max(H_n/6, h_c, 500) = \max[(3\,000-550)/6, h_c, 500] = 700(\text{mm})$
		总长 = $3\,000-700+700 = 3\,000(\text{mm})$
箍筋	下部加密区长度	伸入二层的非连接区高度 = $\max(H_n/6, h_c, 500) = \max[(3\,000-550)/6, h_c, 500] = 700(\text{mm})$
	上部加密区长度	梁板厚+梁下箍筋加密区高度 = 550+ $\max(H_n/6, h_c, 500)$ = 550+ $\max[(3\,000-550)/6, 700, 500] = 550+700 = 1\,250(\text{mm})$
	箍筋根数	$(700/100+1)+(1\,250/100+1)+(3\,000-700-1\,250)/200-1 = 25.8\approx26(根)$

4. 顶层 KZ 钢筋计算

1）柱及钢筋类型

根据柱的平面位置，把柱分为边柱、中柱、角柱（图 3.11），其钢筋伸到顶层梁板的方式和长度不同。柱顶钢筋分类如图 3.12 所示。

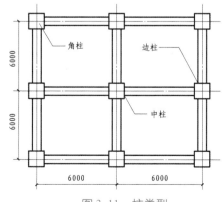

图 3.11　柱类型

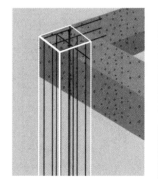

顶层边柱、角柱 钢筋分类	外侧钢筋
	内侧钢筋

图 3.12　顶层边柱、角柱钢筋分类

2)顶层中柱钢筋计算

①边柱、中柱、角柱的钢筋计算方法不同,以中柱 KZ1 为例,计算条件见表 3.12,KZ1 平法施工图见图 3.2 和图 3.3。

表 3.12 KZ1 的计算条件

混凝土强度等级	抗震等级	梁混凝土保护层厚度	柱混凝土保护层厚度	钢筋连接方式	l_{aE}
C35	二级	25 mm	25 mm	电渣压力焊	518 mm

②英才公寓项目"结构设计总说明(二)"中规定,框架柱顶层纵向钢筋的锚固和搭接见《混凝土异形柱结构技术规程》(JGJ 149—2017)图 6.3.2,如图 3.13 所示即为顶层柱中间节点纵向钢筋锚固和搭接要求。

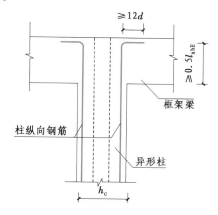

图 3.13 顶层柱中间节点纵向钢筋锚固和搭接

③KZ1 柱顶钢筋计算过程见表 3.13。

表 3.13 KZ1 柱顶钢筋计算过程

锚固方式判别		$l_{aE}=518$ mm$>h_b-C=425$ mm,故本例中柱所有纵筋伸入顶层梁板内弯锚 其中:与 KZ2 相连的梁高 $h_b=450$ mm,且 $450-25=425$(mm)$>0.5l_{abE}=1.5×37×18=333$（mm）
纵筋		计算公式=本层层高-梁保护层厚度-本层非连接区高度+弯折长度(12d)
		本层非连接区高度$=\max(H_n/6,h_c,500)=\max[(3\,000-700)/6,700,500]=700$(mm)
		总长$=3\,000-25-700+12×14=2\,443$(mm)
箍筋	下部加密区长度	非连接区高度$=\max(H_n/6,h_c,500)=\max[(3\,000-450)/6,700,500]=700$(mm)
	上部加密区长度	梁板厚+梁下箍筋加密区高度$=450+\max(H_n/6,h_c,500)=450+\max[(3\,000-450)/6,700,500]=450+700=1\,150$(mm)
	箍筋根数	$(700/100+1)+(1\,150/100+1)+(3\,000-700-1\,150)/200-1=25.3≈26$(根)

3）顶层角柱钢筋计算

（1）连接构造

KZ 边柱和角柱柱顶纵向钢筋构造如图 3.14 所示。

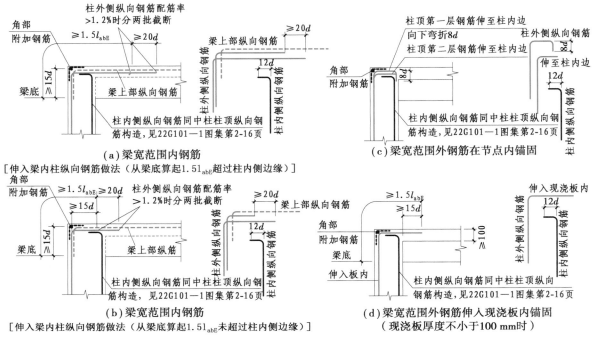

柱外侧纵向钢筋和梁上部纵向钢筋在节点外侧弯折搭接构造

注：①KZ边柱和角柱梁宽范围外节点外侧柱纵向钢筋构造应与梁宽范围内节点外侧和梁端顶部弯折搭接构造配合使用。
②梁宽范围内KZ边柱和角柱柱顶纵向钢筋伸入梁内的柱外侧纵筋不宜少于柱外侧全部纵筋面积的65%。
③节点纵向钢筋弯折要求和角部附加钢筋要求见22G101—1图集第2-15页。

图 3.14　KZ 边柱和角柱柱顶纵向钢筋构造

（2）计算步骤

第 1 步：区分内侧钢筋、外侧钢筋。

第 2 步：外侧钢筋中，区分第一层、第二层，区分伸入梁板内不同长度的钢筋。

第 3 步：分别计算每根钢筋。

（3）计算实例

该计算实例以某工程顶层的矩形框架角柱 KZ1 为例，平法施工图如图 3.15 所示，计算条件见表 3.14。

表 3.14　KZ1 的计算条件

混凝土 强度等级	抗震等级	梁混凝土 保护层厚度	柱混凝土 保护层厚度	钢筋连接方式与	与柱相连的梁高度	l_a
C25	四级	25 mm	30 mm	电渣压力焊	$h_b = 570$ mm	$40d = 720$ mm

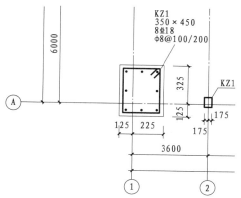

图 3.15　KZ1 平法施工图

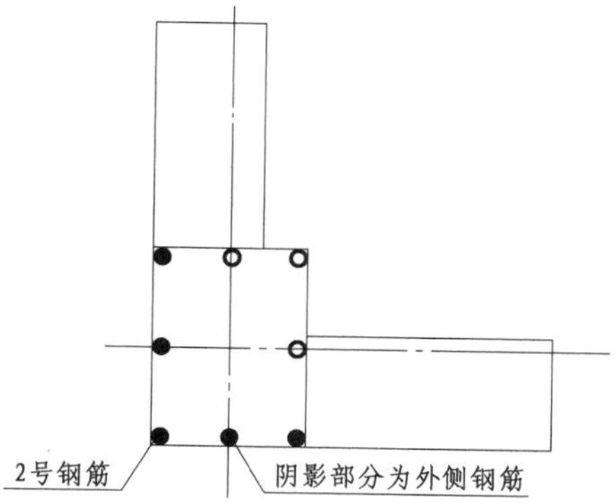

图 3.16　钢筋示意图

计算过程见图 3.16、表 3.15、表 3.16 和表 3.17。图 3.16 中阴影部分为外侧钢筋(1 号和 2 号钢筋),其余为内侧钢筋(3 号钢筋),其中不少于 65% 的柱外侧钢筋(1 号钢筋)伸入梁内:$5×65\% = 3.25 ≈ 4$(根),其余外侧钢筋(1 根 2 号钢筋)伸至柱内侧下弯 $8d$。

表 3.15　1 号钢筋计算过程

1 号钢筋	计算公式=净高-下部非连接区高度+伸入梁板内长度
	层高 = 3 300 mm,与 KZ1 相连的梁高 $h_b = 570$ mm
	下部非连接区高度 $= \max(H_n/6, h_c, 500) = \max[(3\ 300-570)/6, h_c, 500] = 500$(mm)
	伸入梁板内长度 $= 1.5 l_{abE} = 1.5×40×18 = 1\ 080$(mm)
	总长 $= 3\ 300-570-500+1\ 080 = 3\ 310$(mm)

表 3.16　2 号钢筋计算过程

2 号钢筋	计算公式=净高-下部非连接区高度+伸入梁板内长度-错开连接高度
	下部非连接区高度 $= \max(H_n/6, h_c, 500) = \max[(3\ 300-570)/6, h_c, 500] = 500$(mm)
	伸入梁板内长度 $=($梁高-保护层厚度$)+($柱宽-保护层厚度$)+8d =$ $(570-25)+(350-30)+8×18 = 1\ 009$(mm)
	错开接头 $= \max(35d, 500) = 630$(mm)
	总长 $= 3\ 300-570-500+1\ 009-630 = 2\ 609$(mm)

表 3.17　内侧钢筋(3 号钢筋)计算过程

锚固方式判别	$l_a = 40d = 40×18 = 720 > h_b = 570$,故本例中柱所有纵筋伸入顶层梁板内弯锚
	其中:与 KZ1 相连的梁高 $h_b = 570$ mm
3 号钢筋	计算公式=本层净高+(梁高-保护层厚度+12d)-本层非连接区高度
	本层非连接区高度 $= \max(H_n/6, h_c, 500) = \max[(3\ 300-570)/6, 450, 500] = 500$(mm)
	总长 $= 3\ 300-570-500+(570-25+12×18) = 2\ 991$(mm)

顶层边柱的钢筋计算与顶层角柱的钢筋计算相同,只是外侧钢筋和内侧钢筋的根数不同。

任务总结

1. 对柱构件进行钢筋工程量计算前,需要对22G101—1图集中柱部分的制图规则和构造详图有深入的研究,这是进行钢筋计算的重要依据。

2. 在进行中间层柱钢筋计算时,重点理解以下几个方面:

(1)首层柱和2层柱下部非连接区高度不同;

(2)伸入上层的非连接区高度的 H_n 就要用上一层的 H_n;

(3)在首层梁下部和上部的箍筋加密区中 H_n 取值不同。

3. 柱顶层钢筋计算方法见表3.18。

表3.18　柱顶层钢筋计算总结

中　柱	直锚:伸至柱顶-保护层厚度		
	弯锚:伸至柱顶-保护层厚度+12d		
边柱、角柱 (22G101—1图集 第2-14、2-15页)	梁纵筋与柱纵筋弯折搭接型[以节点(a)和(c)为例]	外侧钢筋	不少于65%,自梁底起1.5l_{abE}
			剩下的位于第一层钢筋,伸至柱顶,柱内侧边下弯8d
			剩下的位于第二层钢筋,伸至柱内侧边
		内侧钢筋	直锚:伸至柱顶-保护层厚度
			弯锚:伸至柱顶-保护层厚度+12d
	梁纵筋与柱纵筋竖直搭接型[(a)节点]	外侧钢筋	伸至柱顶-保护层厚度
		内侧钢筋	直锚:伸至柱顶-保护层厚度
			弯锚:伸至柱顶-保护层厚度+12d

思考题

请尝试计算英才公寓项目中⑥轴与Ⓖ轴相交点处的中柱 KZ2、⑨轴与Ⓒ轴相交点处的边柱 KZ3 的钢筋工程量。

拓展链接

1. 基础顶面嵌固部位

1)22G101—1图集基础顶面嵌固部位图示

22G101—1图集第2-9页描述了不同连接方式下,柱纵筋在基础顶面嵌固部位的非连接区高度及错开连接的要求。那么,"基础顶面嵌固部位"在什么地方呢?在不同基础类型、有无地下室等各种情况下,"基础顶面嵌固部位"分别指的是什么呢?如图3.17所示,本图截取了22G101—1图集第2-9页首层柱纵筋连接构造示意图。

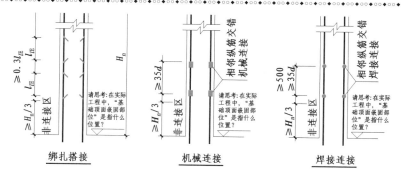

图 3.17　基础顶面嵌固部位示意图

2）基础顶面嵌固部位

"基础顶面嵌固部位"实际上是指基础结构或地下结构与上部结构的分界，有以下几种情况：

①基础埋深较浅，上部结构与基础结构的分界线取在基础顶面，如图 3.18、图 3.19 所示。

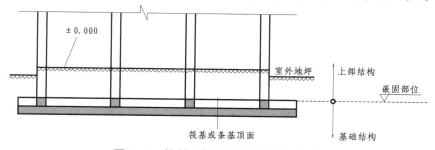

图 3.18　筏基或条基顶面嵌固部位示意

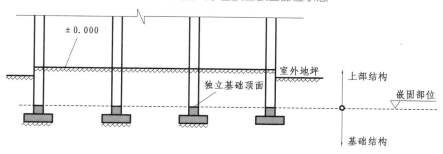

图 3.19　独基顶面嵌固部位示意

②有地下框架梁时，上部结构与基础结构的分界线取在地下框架梁顶面，如图 3.20、图 3.21 所示。

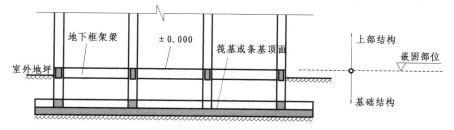

图 3.20　设地下框架梁的基础顶面嵌固部位

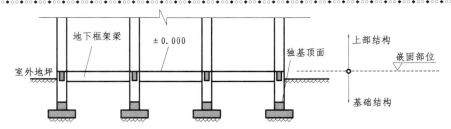

图 3.21　设地下框架梁的基础顶面嵌固部位

③当地下室全部为箱形基础时,上部结构与基础结构的分界线取在箱形基础顶面,如图 3.22 所示。

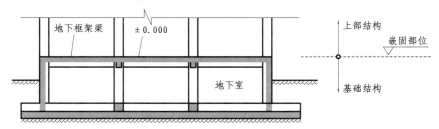

图 3.22　箱形基础顶面嵌固部位

2. 墙上框架柱、梁上框架柱和芯柱的钢筋构造

①剪力墙上起框架柱,22G101—1 图集第 2-12 页提供了"柱纵筋锚固在墙顶部时柱根构造"和"柱与墙重叠一层"两种构造做法(图 3.23),设计人员应注明选用哪种做法。"柱纵筋锚固在墙顶部时柱根构造"做法是上柱纵筋自墙顶面向下锚 $1.2l_{aE}$,水平弯折 150 mm;"柱与墙重叠一层"做法是上柱纵筋自墙顶面向下锚一楼层高。墙上起框架柱,在墙顶面标高以下锚固范围内的柱箍筋按上柱非加密区箍筋要求配置。

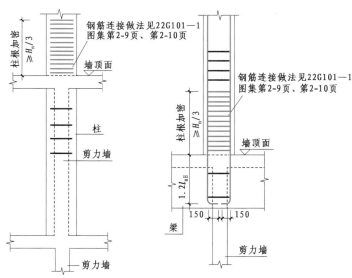

（a）柱与墙重叠一层　　（b）柱纵筋锚固在墙顶部时柱根构造

图 3.23　剪力墙上起柱 KZ 纵筋构造

②梁上起框架柱,上柱纵筋自梁顶面向下伸至梁底,且大于或等于 $20d$ 及 $0.6l_{abE}$,水平弯折 $15d$ (图

3.24)。在梁内设置间距不大于 500 mm,且至少两道柱箍筋。

③对于芯柱,根据结构需要,可以在某些框架柱的一定高度范围内,在其内部的中心位置设置(分别引注其柱编号)。芯柱截面尺寸按构造确定,并按图 3.25 施工,设计不需注写;当设计者采用与图 3.25 所示构造详图不同的做法时,应另行注明。芯柱定位随框架柱,不需要注写其与轴线的几何关系。

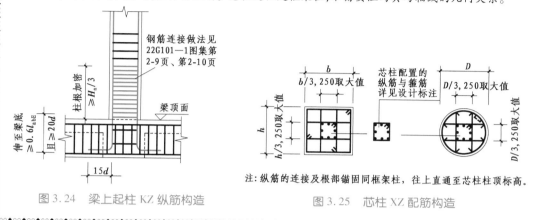

图 3.24　梁上起柱 KZ 纵筋构造

图 3.25　芯柱 XZ 配筋构造

注:纵筋的连接及根部锚固同框架柱,往上直通至芯柱柱顶标高。

拓展与思考

不论是设计人员、施工人员、工程管理人员还是工程造价人员等,只有勇于奉献,敢于担当,追求精益求精,才能成为一名优秀的人员。

扫码观看"用匠心丈量中国精度",并结合党的二十大精神,谈谈你如何理解精益求精的工匠精神。

柱是建筑结构中的竖向承重构件,结合你所学和所了解的行业及职业岗位情况,思考你如何才能成为实际工作中的"柱"?

用匠心丈量
中国精度

复习思考题

1. 填写表 3.19 中的构件名称。

表 3.19　题 1 表

构件代号	构件名称
KZ	
ZHZ	
XZ	

2. 在图 3.26 中填写框架柱纵筋的非连接区。

3. 如图 3.27 所示,绘制 KZ1 在第 3 层和第 8 层的断面图,并绘制 KZ1 变截面位置处的纵剖面图。

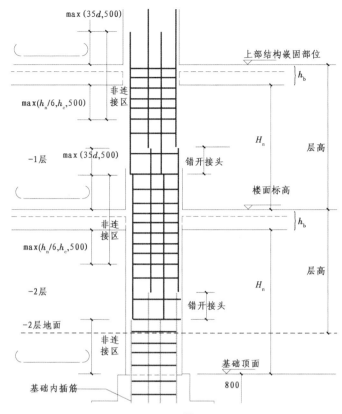

图 3.26 题 2 图

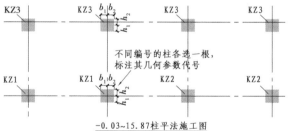

-0.03~15.87柱平法施工图

箍筋类型1(m×n)   箍筋类型2   箍筋类型3

10	33.87	3.6
9	30.27	3.6
8	26.67	3.6
7	23.07	3.6
6	19.47	3.6
5	15.87	3.6
4	12.27	3.6
3	8.67	3.6
2	4.47	4.2
1	-0.03	4.5
层号	标高/m	层高/m

柱号	标高	$b \times h$（圆柱直径 D）	b_1	b_2	h_1	h_2	全部纵筋	角筋	b 边一侧中部筋	h 边一侧中部筋	箍筋类型号	箍筋	备注
KZ1	-0.03~15.87	600×600	300	300	300	300		4 Φ 25	2 Φ 25	2 Φ 25	1 (4×4)	Φ 10@100/200	
	15.87~33.87	500×500	300	200	300	200		4 Φ 25	2 Φ 25	2 Φ 25	1 (4×4)	Φ 10@100/200	

图 3.27 柱平法施工图（梁高 600 mm）

4.柱首层净高度 H_n 如何选取？根据表3.20所示的条件,计算框架柱的首层和其他各层的 H_n 为多少？

表 3.20　题 4 表

层号	顶标高/m	层高/m	梁高/mm
4	15.87	3.6	700
3	12.27	3.6	700
2	8.67	4.2	700
1	4.47	4.5	700
基础	-0.97	基础厚800 mm	—

5.在图3.28中,基础底部钢筋直径为14 mm,请说出框架柱插筋在基础内的竖直段长度和水平弯折长度。

6.梁上起框架柱时,柱纵筋从梁顶向下伸入梁内长度不得小于多少？

7.柱的第一根箍筋距基础顶面的距离是多少？

8.已知某框架抗震等级为三级,当框架柱截面高度为700 mm,柱净高 $H_n=3\,600$ mm 时,请确定柱在楼面梁底部位的箍筋加密区长度。

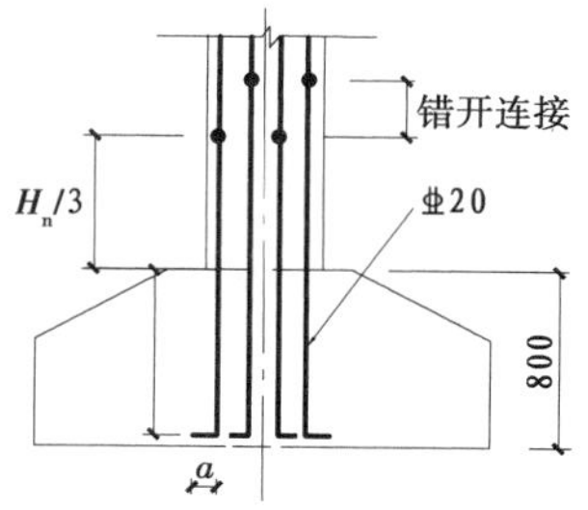

9.计算图3.29中 KZ2(中柱)的钢筋长度。抗震等级为二级, $l_{aE}=34d$,嵌固部位在基础顶面,柱纵筋采用机械连接。

C30混凝土,一级抗震
图 3.28　题 5 图

层号	顶标高/m	层高/m	梁高/mm
4	15.87	3.6	500
3	12.27	3.6	500
2	8.67	4.2	500
1	4.47	4.5	500
基础	-0.97	基础厚800 mm	—

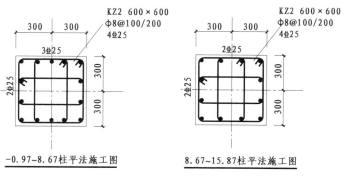

-0.97~8.67柱平法施工图　　8.67~15.87柱平法施工图
图 3.29　题 29 图

模块 4 剪力墙构件钢筋工程量计算

【知识目标】

1. 理解剪力墙的各种附属构件钢筋的构造特点；

2. 识读剪力墙、连梁、暗梁、暗柱的配筋构造。

【能力目标】

1. 描述剪力墙的各种附属构件钢筋构造；

2. 分析剪力墙、连梁、暗梁、暗柱的配筋构造及钢筋计算方法；

3. 计算剪力墙、连梁、暗梁、暗柱的钢筋工程量。

【素养目标】

通过完成英才公寓项目中剪力墙构件的钢筋工程量计算,培养潜心钻研、一丝不苟的职业态度。

任务 4.1 剪力墙构件受力简析和构造

通过本任务的学习,你将能够:

1. 了解剪力墙及各种附属构件钢筋受力情况；

2. 理解剪力墙及各种附属构件在建筑中的作用；

3. 掌握剪力墙及各种附属构件的构造。

任务说明

1. 请指出剪力墙主要荷载和主要受力情况；

2. 请说出剪力墙及各种附属构件的名称；

3. 请列表指出英才公寓项目结构施工图中剪力墙及各种附属构件的构造类型。

任务分析

1. 剪力墙在结构中的作用是什么？什么是水平荷载？什么是竖向荷载？

2.剪力墙各种附属构件都有哪些？名称是什么？

3.剪力墙各构件分别有什么作用？

4.英才公寓项目结构施工图中的剪力墙构件在什么地方能够找到？

任务实施

1.剪力墙主要受力情况

剪力墙一般是钢筋混凝土的墙片,可为整个房屋提供很大的抗剪强度和刚度。剪力墙不仅能抵抗竖向荷载,还能抵抗水平荷载。因为水平荷载对建筑物产生的主要是剪力,所以一般称这种墙片为"抗剪墙"或"剪力墙"。

建筑结构承担的荷载主要分为竖向荷载和水平荷载两种类型。

竖向荷载是建筑结构主要承担的荷载。竖向荷载主要分为恒载、活载。恒载是由建筑材料自重引起的,活载是由人类在建筑上活动及其设施引起的。

水平荷载主要是风和地震作用引起的。当建筑物达到一定高度时,风荷载的作用就非常明显。框架结构在水平荷载作用下的变形由总体剪切变形和总体弯曲变形两部分组成,说明水平荷载对高层建筑影响很大。框架结构在水平荷载作用下总体剪切变形和总体弯曲变形如图4.1和图4.2所示。

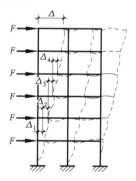
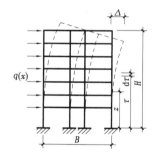

图4.1　梁柱弯曲引起的侧移　　　　图4.2　柱轴向变形引起的侧移

地震对建筑物的破坏主要是水平力。剪力墙是主要抵抗水平荷载的构件,在抗震设计等级高的建筑物中必然有剪力墙的身影。《建筑抗震设计规范》(GB 50011—2010,2016 年版)中有很多关于剪力墙设置的要求可以参照。

2.剪力墙结构包含的构件及构造

剪力墙

剪力墙结构包含墙身、墙柱、墙梁 3 个构件类型。

1)墙身

剪力墙的墙身就是一道混凝土墙,常见厚度在 200 mm 以上,一般配置两排钢筋网,如图4.3所示。

2)墙柱

墙柱指的是剪力墙两侧或洞口两侧设置的边缘构件,包括暗柱、端柱、翼墙和转角墙(图4.4),是剪力墙的纵向加强带,可以改善剪力墙的受力性能,增大其延性。

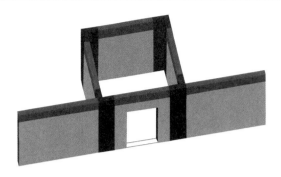

图 4.3　剪力墙墙身

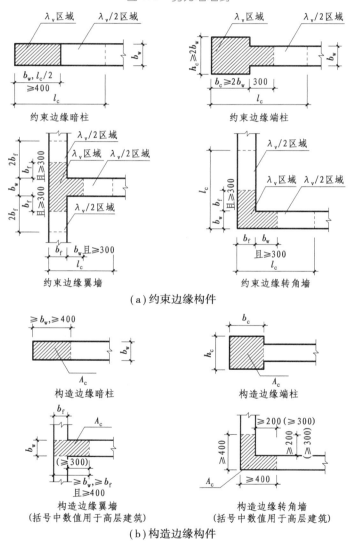

剪力墙钢筋
绑扎施工

约束边缘暗柱

约束边缘端柱

约束边缘翼墙

约束边缘转角墙

（a）约束边缘构件

构造边缘暗柱

构造边缘端柱

构造边缘翼墙
（括号中数值用于高层建筑）

构造边缘转角墙
（括号中数值用于高层建筑）

（b）构造边缘构件

图 4.4　各种墙柱示意图

一般分为约束边缘构件和构造边缘构件两类。对于抗震等级一、二、三级的剪力墙底部加强部位及其上一层的剪力墙肢,应设置约束边缘构件(GB 50011—2010,2015 年版第 6.4.5 条)。其他的部位应设置构造边缘构件(JGJ 3—2010 第 7.2.14 条)。约束边缘构件对体积配箍率等要求更严,用在较为重要的受力较大的结构部位;构造边缘构件的要求少一些。

约束边缘构件和构造边缘构件的区别如下:

①从编号上看,构造边缘构件在编号时以字母 G 打头,如 GAZ、GDZ、GYZ、GJZ 等;约束边缘构件以 Y 打头,如 YAZ、YDZ、YYZ、YJZ 等。

②从 22G101—1 图集第 2-24、2-25、2-26 页可以看出,约束边缘构件比构造边缘构件要"强"一些,主要体现在抗震作用上。因此,约束边缘构件应用在抗震等级较高(如一级)的建筑中,构造边缘构件应用在抗震等级较低的建筑中。

③从 22G101—1 图集中的配筋情况也可以看出,构造边缘构件(如端柱)仅在矩形柱范围内布置纵筋和箍筋,类似于框架柱;约束边缘构件除端部或角部有一个阴影部分外,在阴影部分和墙身之间还有一个"虚线区域",该区域的特点是加密拉筋或同时加密竖向分布筋。

3)墙梁

墙梁包括连梁(LL)、暗梁(AL)和边框梁(BKL)。

(1)连梁

连梁是剪力墙中洞口上部与剪力墙相同厚度的梁。连梁其实是一种特殊的墙身,是上下楼层窗(门)洞口之间的那部分水平的窗间墙,与过梁位置相同,但作用不同,除承受垂直荷载外,连梁还需传递水平地震作用产生的弯矩和剪力,因此,连梁的钢筋设置与抗震等级有关。

(2)暗梁

暗梁是剪力墙中无洞口处与剪力墙相同厚度的梁。暗梁与暗柱有共同性,因为它们都隐藏在墙身内部。剪力墙的暗梁是墙身的一个水平性"加强带",一般设置在楼板之下。

(3)边框梁

边框梁是指在剪力墙中部或顶部布置的比剪力墙的厚度还加宽的"连梁"或"暗梁",此时不称为连梁、暗梁,而改称为边框梁(BKL)。边框梁与暗梁有很多共同之处,但边框梁的截面宽度比暗梁宽。也就是说,边框梁的截面宽度大于墙厚度,因而形成了凸出剪力墙面的一个边框。边框梁配筋构造详见 22G101—1 图集第 2-27 页左下角 BKL 断面图以及第 2-28 页右上角 1—1 断面图。边框梁虽有一个框字,却与框架结构、框架梁、框架柱无关。

3. 英才公寓项目剪力墙及各种附属构件类型

从英才公寓项目结施-06、结施-07、结施-08 中可以看出,本工程为异形框架柱-剪力墙结构,剪力墙的构件类型有墙、构造边缘暗柱、构造边缘翼柱、构造边缘角柱,没有暗梁及其他构件。英才公寓项目剪力墙构件类型见表 4.1。

表 4.1　英才公寓项目剪力墙构件类型表

类　型	名　称					
墙	Q1	Q2				
构造边缘暗柱	GAZ1	GAZ2				
构造边缘翼柱	GYZ1					
构造边缘角柱	GJZ1(1a)	GJZ2	GJZ3	GJZ4	GJZ5	GJZ6

任务总结

剪力墙能够代替框架结构中的梁、柱,不仅能够支撑各类荷载,而且在很大程度上对建筑结构的水平力有很好的控制作用,由于其具有优良特性,已成为目前建筑设计中合用的主流结构。理解剪力墙构件的受力、作用、分类是认识剪力墙的基础。

思考题

1. 从材料、受力、作用 3 个方面指出剪力墙与砌体墙的不同之处。
2. 对比剪力墙与砌体墙中分别都有哪些构件?

拓展链接

常用建筑结构体系简述

1. 框架结构体系

框架结构体系由框架梁、柱、板等主要构件组成。按照框架布置方向的不同,框架结构体系可分为横向布置、纵向布置和双向布置 3 种结构形式,如图 4.5 所示。

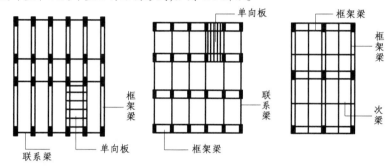

图 4.5　框架结构体系

横向框架布置形式是 20 世纪 90 年代以前常用的一种框架布置形式。由于当时的条件限制,内力分析主要是采用手算方式,计算机辅助设计只能进行简单的平面框架内力分析,因此房屋建筑往往布置为横向框架、纵向联系梁的结构形式,其特点是横向框架承担竖向荷载和平行于房屋横向的水平荷载。

纵向框架布置形式也是一种平面框架类型,其特点是纵向框架承担竖向荷载和沿纵向水平荷载作用,而横向通过联系梁将竖向荷载传递到框架柱,同时联系梁与框架立柱形成横向框架并承担沿横向的水平力作用。

双向框架结构布置形式具有较强的空间整体性,可以承受各个方向的侧向力,与纵、横向布置的单向框架比较,具有较好的抗震性能。在有抗震要求的房屋设计中,要求框架必须纵横向布置,形成双向框架结构形式,以抵抗水平荷载及地震作用。

框架结构的主要特点是能够获得大空间房屋,房间布置灵活,而其主要缺点是侧向刚度小、侧移大。

2. 剪力墙结构体系

剪力墙结构体系是指竖向承重结构由剪力墙组成的一种房屋结构体系,如图 4.6 所示。剪力墙除承受并传递竖向荷载作用外,还承担平行于墙体平面的水平剪力。《建筑抗震设计规范》(GB 50011—2010,2016 年版)将剪力墙称为抗震墙。

剪力墙承受竖向荷载及水平荷载的能力都较大。其特点是整体性好，侧向刚度大，水平力作用下侧移小，并且由于没有梁、柱等外露构件，不会影响房屋的使用功能；缺点是不能提供大空间房屋，结构延性较差。

剪力墙结构适用范围较大，从十几层到几十层都很常见，由于剪力墙结构能承受更大的竖向力和水平力作用，横向刚度大，因此比框架结构更适合用于高层建筑的结构体系布置中。由于剪力墙结构提供的房屋空间一般较小，所以比较适合用于宾馆、住宅等建筑类型。当在下部一层或几层需要更大空间时，往往在下部取消部分剪力墙，形成框支剪力墙结构。

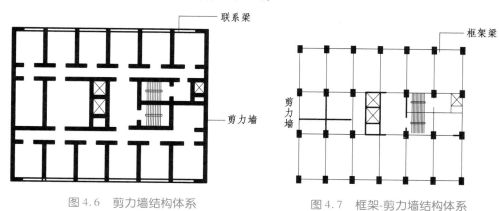

图4.6　剪力墙结构体系　　　　　　图4.7　框架-剪力墙结构体系

3.框架-剪力墙结构体系

框架-剪力墙结构体系是指由框架和剪力墙共同作为竖向承重结构的多（高）层房屋结构体系，如图4.7所示。框架-剪力墙结构体系可以充分发挥框架和剪力墙各自的特点，既能获得大空间，又具有较强的侧向刚度，因此这种结构形式在房屋设计中比较常用。

在框架-剪力墙结构体系中，框架往往只承受并传递竖向荷载，而水平荷载及地震作用主要由剪力墙承担。一般情况下，剪力墙可承受70%～90%的水平荷载作用。

剪力墙在建筑平面上的布置应按均匀、分散、对称周边的原则考虑，并宜沿纵横两个方向布置。剪力墙宜布置在建筑物的周边附近、恒载较大处及建筑平面变化处和楼梯间及电梯的周围；剪力墙宜贯穿建筑物的全高，宜避免刚度突变；剪力墙开洞时，洞口宜上下对齐。建筑物纵（横）向区段较长时，纵（横）向剪力墙不宜集中布置在端开间，不宜在变形缝两侧同时设置剪力墙。

4.筒体结构体系

筒体结构主要包括框架-核心筒结构和筒中筒结构，如图4.8所示。

框架-核心筒结构由实体核心筒和外框架构成。一般将楼电梯间及一些服务用房集中在核心筒内；其他需要较大空间的办公用房、商业用房等布置在外框架部分。

实体核心筒是由两个方向的剪力墙构成封闭空间结构，具有很好的整体性与抗侧刚度，其水平截面为单孔或多孔的箱形截面。它既可以承担竖向荷载，又可以承担任意方向的水平侧向力作用。由于核心筒在高层建筑中往往布置在平面的中心部位，而在其四周布置功能空间，核心筒因此而得名。

筒中筒结构是由实体的内筒与空腹的外筒组成。空腹外筒是由布置在建筑物四周的密集立柱与高跨比很大的横向窗间梁所构成的一个多孔筒体。筒中筒结构体系具有更大的整体性和抗侧刚度，因此适用于高大建筑物。

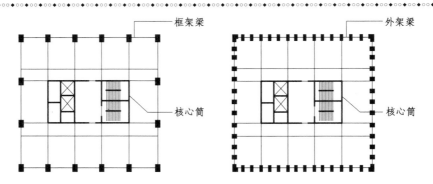

图 4.8　筒体结构体系

除上述两种筒体结构形式外,还有多重筒结构、成束筒结构等。为适应各种建筑功能的要求,筒体还可以与框架或剪力墙相结合,形成各自独特的结构方案。

5. 混合结构体系

混合结构体系是由多种不同材料构件组成的结构体系,如钢管混凝土构件和型钢混凝土构件等。由于不同材料制成的构件有不同的特征,并且各自有其明显的优点,采用混合结构的目的就是通过对各种材料构件的优化组合来充分发挥各种材料及构件的优越性能。

钢管混凝土构件有效利用混凝土的约束强度,在三向约束下,混凝土的抗压强度比单向抗压强度可提高几倍。利用这一特点组合的钢管混凝土最适合用于以受压为主的轴心受压及小偏心受压柱及其他受压构件。

型钢混凝土构件是在混凝土中主要配置型钢的构件,一般也配置一些构造钢筋及辅助受力钢筋。它可以制作成柱、梁、剪力墙、筒体等竖向传力构件。型钢混凝土的特点是强度高、刚度大、截面小、延性好、防火性能好。建筑师常常将其与钢结构混合使用来建设超高层建筑,即下部采用型钢混凝土构件,上部为钢结构,以增大建筑的刚度,减少水平荷载作用下的侧移。型钢混凝土结构还可以与钢筋混凝土结构混合使用。

任务 4.2　识读剪力墙构件平法施工图

通过本任务的学习,你将能够:

1. 了解剪力墙构件平法施工图表达形式;

2. 理解剪力墙及各种附属构件钢筋的标注;

3. 指出英才公寓项目结构施工图中剪力墙构件的钢筋布置。

任务说明

1. 请说出常见的剪力墙柱、墙身、墙梁的平法表达规则。

2. 指出英才公寓项目结构施工图中剪力墙构件的钢筋布置,并填入表 4.2 中。

表 4.2　剪力墙构件钢筋信息表

构件名称	代　号	标高/m	水平位置	截面尺寸/mm	钢筋信息
剪力墙	Q2				
构造边缘暗柱	GAZ1				
构造边缘翼柱	GYZ1				
构造边缘角柱	GJZ1（1a）				

任务分析

1. 用什么符号表示剪力墙柱、墙身、墙梁呢？
2. 剪力墙柱、墙身、墙梁各自都设置了什么钢筋？
3. 这些构件的钢筋是如何在结构平法施工图中描述的？
4. 英才公寓项目结构施工图中剪力墙构件有哪些钢筋信息？

任务实施

1.剪力墙柱、墙身、墙梁的平法表达规则

剪力墙平法表达方式有列表注写方式和截面注写方式两种。剪力墙的定位和水平尺寸,主要是在平面图中标出剪力墙截面尺寸与定位轴线的位置关系;垂直高度方向,平面图中加注各结构层的楼面标高、结构层高及相应的结构层号,尚应注明上部结构嵌固部位位置,通常以列表形式表达。

剪力墙的
平法表示

1）列表注写方式

列表注写方式,是分别在剪力墙柱表、剪力墙身表和剪力墙梁表中,对应于剪力墙平面布置图上的编号,用绘制截面配筋图并注写几何尺寸与配筋具体数值的方式,来表达剪力墙平法施工图。

（1）剪力墙柱表内容

注写墙柱编号、绘制截面配筋图、标注墙柱几何尺寸、注写各段墙柱起止标高及各段墙柱的纵向钢筋和箍筋等内容。墙柱编号由墙柱类型代号和序号组成,表达形式应符合 22G101—1 图集第 1-9 页表 3.2.2-1 的规定,约束边缘构件代号为 YBZ、构造边缘构件代号为 GBZ、非边缘暗柱代号为 AZ、扶壁柱代号为 FBZ,具体见表 4.3。

表 4.3　墙柱编号

墙柱类型	代　号	序　号
约束边缘构件	YBZ	××
构造边缘构件	GBZ	××
非边缘暗柱	AZ	××
扶壁柱	FBZ	××

（2）剪力墙身表内容

注写墙身编号（含水平与竖向分布钢筋的排数）、各段墙身起止标高、水平分布钢筋及竖向分布钢筋和拉筋的具体数值等内容，见表4.4。墙身编号由墙身代号（Q）、序号以及墙身所配置的水平与竖向分布钢筋的排数组成，其中排数注写在括号内，表达形式为Q××（××排）。

表4.4　墙身表

编号	标高/m	墙厚/mm	水平分布筋	垂直分布筋	拉筋（双向）
Q1	−2.00～30.00	300	Φ12@200	Φ12@150	Φ6@600@600

（3）剪力墙梁表内容

注写墙梁编号、墙梁所在楼层号、墙梁顶面标高高差、墙梁截面尺寸及配筋等内容。墙梁编号由墙梁类型代号和序号组成，表达形式应符合表4.5的规定。剪力墙梁表列表内容见表4.6。

表4.5　墙梁编号

墙梁类型	代　号	序　号
连梁	LL	××
连梁（跨高比不小于5）	LLk	××
连梁（对角暗撑配筋）	LL（JC）	××
连梁（对角斜筋配筋）	LL（JX）	××
连梁（集中对角斜筋配筋）	LL（DX）	××
暗梁	AL	××
边框梁	BKL	××

表4.6　剪力墙梁表

编号	所在楼层号	梁顶相对标高高差/m	截面尺寸$b×h$/mm	上部纵筋	下部纵筋	箍　筋
LL1	2～4	0.000	250×1 200	4Φ18(2/2)	4Φ18(2/2)	Φ10@100(2)
	机房层	0.000	250×1 300	4Φ18(2/2)	4Φ18(2/2)	Φ8@100(2)
LL2	2～4	0.000	250×1 300	4Φ22(2/2)	4Φ22(2/2)	Φ10@100(2)
	机房层	+1.900	250×3 100	4Φ20(2/2)	4Φ20(2/2)	Φ8@100(2)

2）截面注写方式

截面注写方式指在分标准层绘制的剪力墙平面布置图上，以直接在墙柱、墙身、墙梁上注写截面尺寸和配筋具体数值的方式来表达剪力墙平法施工图。

（1）剪力墙柱

从相同编号的墙柱中选择一个截面，原位绘制墙柱截面配筋图，注明几何尺寸，并在各配筋图上继其编号后标注全部纵筋及箍筋的具体数值。其中要注意：对于约束边缘构件，除需注明阴影部分具体尺寸外，尚需注明约束边缘构件沿墙肢长度 l_c。墙柱截面注写方式详见图4.9所示。

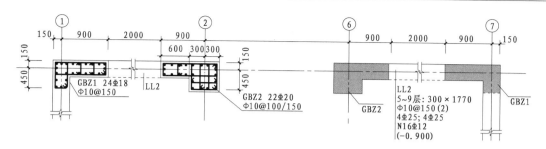

图 4.9　墙柱截面注写方式

（2）剪力墙身

从相同编号的墙身中选择一道墙身,按顺序引注的内容为:墙身编号(应包括注写在括号内墙身所配置的水平与竖向分布钢筋的排数)、墙厚尺寸,水平分布钢筋、竖向分布钢筋和拉筋的具体数值,详见图 4.10 所示。

（3）剪力墙梁

从相同编号的墙梁中选择一根墙梁,采用平面注写方式,按顺序引注的内容为:注写墙梁编号、墙梁所在层及截面尺寸 $b×h$、墙梁箍筋、上部纵筋、下部纵筋和墙梁顶面标高高差的具体数值。

当墙身水平分布钢筋不能满足连梁的侧面纵向构造钢筋的要求时,应补充注明梁侧面纵筋的具体数值,注写时,以大写字母"N"打头,接续注写梁侧面纵筋的总根数与直径。其在支座内的锚固要求同连梁中的受力钢筋。

例:N Φ 10@150,表示墙梁两个侧面对称配置抗扭钢筋,钢筋为 HRB400 级,直径为 10 mm,间距为 150 mm。

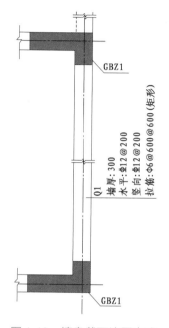

图 4.10　墙身截面注写方式

2. 英才公寓项目剪力墙构件钢筋信息

英才公寓项目剪力墙构件钢筋布置信息见表 4.7。

表 4.7　英才公寓项目剪力墙构件钢筋信息表

构件名称	代　号	标高/m	水平位置	截面尺寸/mm	钢筋信息
剪力墙	Q2	基础顶 ~2.900（2.900 ~17.900）	①、③、⑦、⑪、⑮、⑰轴	墙厚 250	水平钢筋 Φ 8@150 竖向钢筋 Φ 8@150 拉筋 Φ 6@450@450（@600@600）
构造边缘暗柱	GAZ1	基础顶 ~17.900	①、③、⑦、⑪、⑮、⑰轴	400 × 200	纵筋 6 Φ 18 箍筋 Φ 8@150

续表

构件名称	代　号	标高/m	水平位置	截面尺寸/mm	钢筋信息
构造边缘翼柱	GYZ1	基础顶～17.900	⑨轴	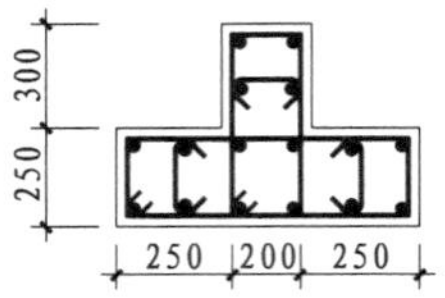	纵筋 16Φ16 箍筋 Φ8@150
构造边缘角柱	GJZ1(1a)	基础顶～17.900	①，③，⑦，⑪，⑮，⑰轴	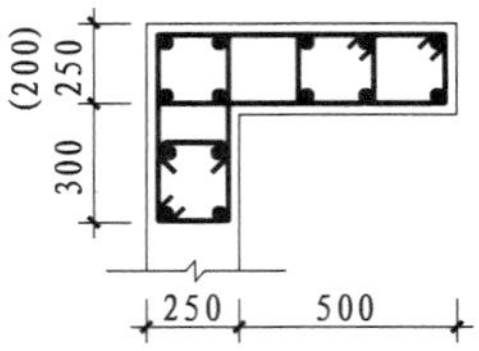	纵筋 14Φ18(16Φ16) 箍筋 Φ8@150

任务总结

了解剪力墙构件的平法制图规则，是识读剪力墙构件钢筋信息的基础。要通过识读实际工程的剪力墙平法施工图，来加深对平法制图规则的理解，不能死记硬背，多次使用图纸和图集才能真正掌握制图规则。

思考题

通过识读英才公寓项目结构施工图，完成 Q1、GAZ2、GJZ2 的剪力墙构件钢筋信息表。

拓展链接

剪力墙平法施工图制图规则——地下室外墙的表示方法

地下室外墙仅适用于起挡土作用的地下室外围护墙。地下室外墙中墙柱、连梁及洞口等的表示方法同地上剪力墙。

1. 地下室外墙编号

地下室外墙编号由墙身代号、序号组成，表达为：DWQ××。

2. 地下室外墙平面注写方式

地下室外墙平面注写方式有集中标注和原位标注两部分内容。当仅设置贯通钢筋，未设置附加非贯通钢筋时，则仅做集中标注。

1）集中标注

集中标注内容包括墙体编号、厚度、贯通钢筋、拉结筋等。

①地下室外墙编号：包括代号、序号、墙身长度（注为××～××轴）。

②注写地下室外墙厚度 b_w=×××。

③注写地下室外墙的外侧、内侧贯通钢筋和拉结筋。

a. 以 OS 代表外墙外侧贯通钢筋。其中，外侧水平贯通钢筋以 H 打头注写，外侧竖向贯通钢筋以 V 打头注写。

b. 以 IS 代表外墙内侧贯通钢筋。其中，内侧水平贯通钢筋以 H 打头注写，内侧竖向贯通钢筋以 V 打头注写。

c. 以 tb 打头注写拉结筋直径、钢筋种类及间距，并注明“矩形”或“梅花”。

【例】　DWQ2(①～⑥)，$b_w=300$

OS：H$\underline{\Phi}$18@200，V$\underline{\Phi}$20@200

IS：H$\underline{\Phi}$16@200，V$\underline{\Phi}$18@200

tb ϕ6@400@400 矩形

表示2号外墙，长度范围为①～⑥轴，墙厚为300 mm；外侧水平贯通钢筋为$\underline{\Phi}$18@200，竖向贯通钢筋为$\underline{\Phi}$20@200；内侧水平贯通钢筋为$\underline{\Phi}$16@200，竖向贯通钢筋为$\underline{\Phi}$18@200；拉结筋为ϕ6，矩形布置，水平间距为400 mm，竖向间距为400 mm。

2）原位标注

原位标注内容有外墙外侧配置的水平非贯通钢筋或竖向非贯通钢筋。

当配置水平非贯通钢筋时，在地下室墙体平面图上原位标注。在地下室外墙外侧绘制粗实线段代表水平非贯通钢筋，在其上注写钢筋编号并以H打头注写钢筋种类、直径、分布间距，以及自支座中线向两边跨内的伸出长度值。当自支座中线向两侧对称伸出时，可仅在单侧标注跨内伸出长度，另一侧不注，此种情况下非贯通钢筋总长度为标注长度的2倍。边支座处非贯通钢筋的伸出长度值从支座外边缘算起。

地下室外墙外侧非贯通钢筋通常采用"隔一布一"方式与集中标注的贯通钢筋间隔布置，其标注间距应与贯通钢筋相同，两者组合后的实际分布间距为各自标注间距的1/2。

当在地下室外墙外侧底部、顶部、中层楼板位置配置竖向非贯通钢筋时，应补充绘制地下室外墙竖向剖面图并在其上原位标注。表示方法为在地下室外墙竖向剖面图外侧绘制粗实线段代表竖向非贯通钢筋，在其上注写钢筋编号并以V打头注写钢筋种类、直径、分布间距，以及向上（下）层的伸出长度值，并在外墙竖向剖面图名下注明分布范围(××～××轴)。

地下室外墙外侧水平、竖向非贯通钢筋配置相同者，可仅选择一处注写，其他可仅注写编号。

当在地下室外墙顶部设置水平通长加强钢筋时应注明。

地下室外墙平法施工图如图4.11所示。

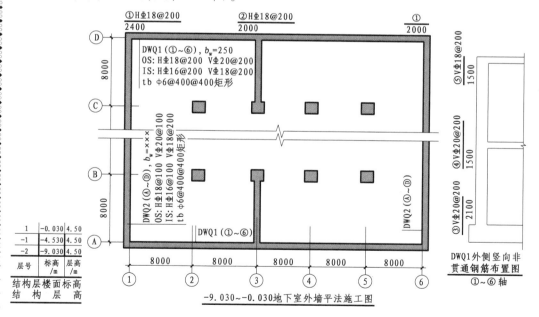

图4.11　地下室外墙平法施工图

任务 4.3　计算剪力墙钢筋工程量

通过本任务的学习,你将能够:

1. 找出英才公寓项目中剪力墙钢筋工程量计算参数;

2. 计算英才公寓项目中剪力墙、约束边缘柱、构造边缘柱、暗梁、连梁的钢筋工程量。

任务说明

1. 计算英才公寓项目结施-06"基础顶至17.900墙柱平面图"在①轴与⑥至⑤轴的剪力墙Q2,构造边缘柱GAZ1、GJZ1的钢筋工程量,如图4.12、图4.13所示。

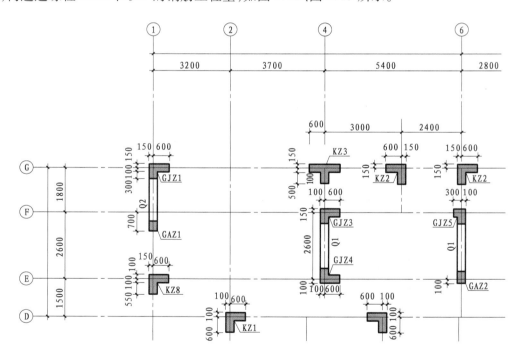

混凝土墙配筋表					
墙编号	墙厚/mm	竖向钢筋	水平钢筋	拉　筋	标高/m
Q1	200	ⱷ8@150	ⱷ8@150	Φ6@450@450(@600@600)	基础顶~2.900(2.900~17.900)
Q2	250	ⱷ8@150	ⱷ8@150	Φ6@450@450(@600@600)	基础顶~2.900(2.900~17.900)

图4.12　剪力墙

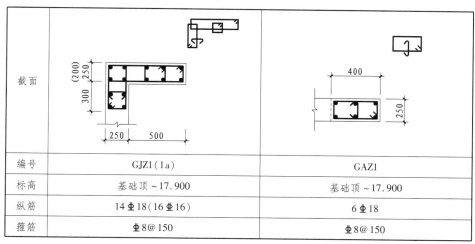

截面	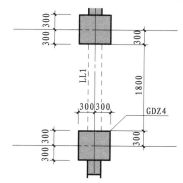	
编号	GJZ1(1a)	GAZ1
标高	基础顶~17.900	基础顶~17.900
纵筋	14⏀18(16⏀16)	6⏀18
箍筋	⏀8@150	⏀8@150

图 4.13　墙柱配筋

2. 计算图 4.14 中连梁 LL1 的钢筋工程量,选用的计算参数同英才公寓项目。

剪力墙梁表						
编号	所在楼层号	梁顶相对标高高差/m	截面尺寸 b×h/mm	上部纵筋	下部纵筋	箍　筋
LL1	1	0.000	250×1 500	4⏀20(2/2)	4⏀20(2/2)	Φ10@100(2)
LL2	1	0.000	250×1 600	4⏀20(2/2)	4⏀20(2/2)	Φ10@100(2)

图 4.14　墙梁

任务分析

1. 完成计算任务涉及的图纸有哪些?

2. 基本锚固长度需要重新计算吗?

3. 剪力墙中要计算的钢筋种类有多少? 剪力墙的墙身钢筋在 22G101—1 图集中是如何规定的?

4. 竖向、水平钢筋的计算分成几部分? 有基本计算公式吗?

5. 剪力墙在基础内的插筋如何设置? 如何计算?

6. 剪力墙纵向钢筋在顶部与屋面框架梁如何锚固? 如何计算?

7. 计算钢筋工程量的各构件尺寸是否已清楚?

8. 图纸中剪力墙身、墙柱、墙梁的水平钢筋、竖向钢筋、箍筋是否已清楚?

任务实施

英才公寓项目涉及剪力墙的图纸有结构设计总说明(一)和(二),以及结施-5、结施-6、结施-7。本工程结构形式为异形柱框架-剪力墙结构,墙的生根在基础底板,标高到层顶 17.900 m。基本锚固长度查结构设计总说明(一)和(二),剪力墙混凝土强度等级地下到二层为 C40,二层以上为 C35,钢筋为 HRB400 级,抗震等级二级,C40 时 $l_{aE}=33d=33×8=264(mm)$,C35 时 $l_{aE}=37d=37×8=296(mm)$,不用再重新计算 l_{aE};剪力墙所处环境为"二a",混凝土保护层厚度为 20 mm。

在钢筋工程量计算中,剪力墙是最难计算的构件,具体体现在:

① 剪力墙包括墙身、墙梁、墙柱、洞口,必须整体考虑它们的关系;

② 剪力墙在平面上有直角、丁字角、十字角、斜交角等各种转角形式;

③ 剪力墙在立面上有各种洞口;

④ 墙身钢筋可能有单排、双排、多排,且每排钢筋的构造可能不同;

⑤ 墙柱有各种箍筋组合;

⑥ 连梁(暗梁)要区分顶层与中间层,依据洞口的位置不同还有不同的计算方法。

但是只要认清剪力墙各构件与其他构件的关系,剪力墙钢筋工程量的计算并没有不可逾越的障碍。

墙身、墙柱、墙梁的钢筋各自有不同的布置要求和构造特点,见表 4.8。

表 4.8　剪力墙钢筋设置表

位置	水平方向	竖直方向	其他
墙身	水平钢筋	竖向钢筋	拉筋
墙柱		纵筋	箍筋
墙梁	纵筋		箍筋

1. 剪力墙 Q2

1)剪力墙身水平钢筋计算

剪力墙 Q2 为直墙,一端为构造边缘暗柱 GAZ1,另一端为构造边缘角柱 GJZ1,且柱宽同墙厚,因此:内、外侧水平钢筋长度(各为)= 墙净长 + 2×弯折 10d =(墙长 - 2×保护层厚度)+ 2×弯折 10d。

钢筋搭接为每隔一根错开(500 mm)搭接,搭接长度 $≥1.2l_{abE}(1.2l_a)$。

Q2 内、外侧水平钢筋长度 =(墙长 - 2×保护层厚度)+ 2×10d

　　　　　　 =(1 800 - 400 + 300) - 2×20 + 2×10×8

　　　　　　 = 1 860(mm)

水平钢筋根数 = 排数 ×[(墙高 - 起步钢筋距离 - 顶部保护层)/水平筋间距 + 1]

　　　　　 = 2×[(1 200 + 17 900 - 50 - 40)/150 + 1]

　　　　　 = 2×(127 + 1)

　　　　　 = 256(根)

又因为剪力墙在基础的插筋需要设置分布筋,要求是:间距不小于 500 mm,且不少于两道,基础高 700 mm,所以应设置根数为 2×2 = 4(根)。

小计:水平钢筋共 260 根,单根长度为 1 860 mm,直径为 8 mm,HRB400 级,长度小于 9 m,无须计算搭接。

2)剪力墙身竖向钢筋计算

剪力墙 Q2 生根于基础,顶部与屋面框架梁相交,因此:竖向钢筋计算长度 = 基础内插筋长度 + 中间部分长度 + 顶层锚固长度[自板底起 $l_{aE}(l_a)$ + 弯折 ≥12d]。基础底部 C10 混凝土垫层出边 240 mm，保护层厚度为 40 mm。

（1）基础插筋长度

$h_j = 700-40 = 660(\text{mm}) > l_{aE} = 264$ mm，基础宽度 2 800 mm、长度 3 000 mm，墙边与基础边最小距离 1 250−700 = 550(mm)，插筋保护层厚度均大于 5×8 = 40(mm)。22G101—3 图集对墙体竖向分布筋的规定如图 4.15 所示。

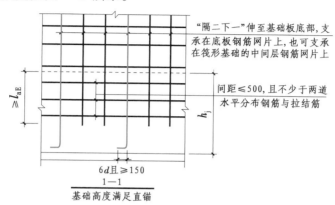

图 4.15　墙身竖向分布钢筋在基础中的构造（保护层厚度>5d，基础高度满足直锚时）

由图 4.15 可知，基础插筋"隔二下一"伸至基础板底部，因此剪力墙竖向钢筋分为长筋和短筋，长筋伸入基础内底部受力筋上部，弯折 6d 且≥150 mm，短筋深入基础 l_{aE}。

基础插筋长筋长度 = 700−40−16×2+150 = 778(mm)

基础插筋短筋长度 = l_{aE} = 264 mm

（2）中间部分长度

搭接时应根据 22G101—1 图集第 2-5 和第 2-6 页规定增加搭接长度，但工程中结构设计总说明(二)第 10 条中规定"板内钢筋优先采用搭接接头，梁柱纵筋优先采用机械连接接头"，因此，中间部分长度就是墙高。如做工程造价，需根据定尺长度来考虑连接接头数量；如做钢筋下料，则根据施工进度和接头加工情况来增减长度。

（3）伸入板锚固长度

墙与板相交，板厚为 120 mm，剪力墙竖向钢筋伸入板顶弯折 12d，见 22G101—1 图集第 2-22 页，详见图 4.16 所示。

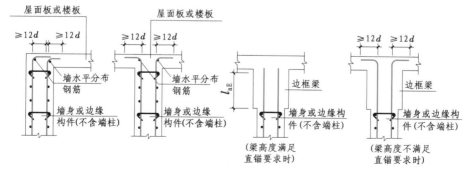

图 4.16　剪力墙竖向钢筋顶部构造

因此,伸入板锚固长度 $=12\times8=96$（mm）。

剪力墙身竖向钢筋长度=基础内插筋长度+墙高+顶层锚固长度

长筋 $=778+1\,200+17\,900-20+96=19\,954$（mm）

短筋 $=264+1\,200+17\,900-20+96=19\,440$（mm）

竖向钢筋根数=排数×墙净长/间距+1（墙身竖向钢筋从暗柱、端柱边50 mm开始布置）

$$=2\times(1\,800-400+300-2\times50)/150+1$$

$$=23（根）$$

小计:竖向钢筋共23根,直径为8 mm,HRB400级。

3）拉结筋

墙身拉结筋有梅花形和矩形布置两种构造,本工程设计未明确时,一般采用梅花形布置。

层高范围:从底部板顶往上第二排水平分布筋至层顶部板底（梁底）往下第一排水平分布筋。

宽度范围:从墙柱范围外第一列墙身竖向分布筋开始布置。详见图4.17所示剪力墙拉结筋排布构造。

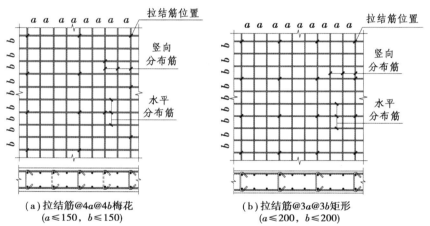

图 4.17　剪力墙拉结筋排布构造

拉结筋长度=墙厚−保护层厚度+弯钩长度$[2\times(1.9d+\max(10d,75)]$

$$=250-2\times40+2\times(1.9\times6+75)$$

$$=170+2\times86.4$$

$$=343（mm）$$

剪力墙水平、竖向分布筋及拉结筋排布如图4.18所示。

①标高2.900 m以下拉结筋计算:

$$拉结筋列数=\frac{墙净宽-第一根竖向分布筋起步距离\times2}{拉结筋竖向间距}+1=\frac{1\,700-150\times2}{450}+1=5$$

$$拉结筋行数=\frac{层高-50-50-2\times水平分布筋间距}{拉结筋水平间距}+1=\frac{3\,600-50-50-2\times150}{450}+1=9$$

拉结筋根数=拉结筋列数×拉结筋行数$=5\times9=45$（根）

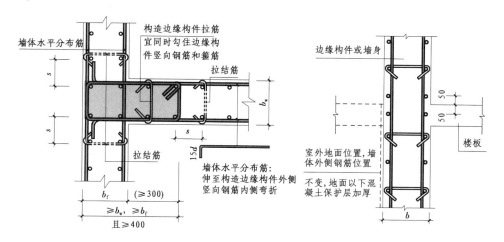

图 4.18　剪力墙水平、竖向分布筋及拉筋排布

②标高 2.900 m 以上至 17.900 m 处每层拉结筋的数量:

$$拉结筋列数 = \frac{墙净宽 - 第一根竖向分布筋起步距离 \times 2}{拉结筋竖向间距} + 1 = \frac{1\,700 - 150 \times 2}{600} + 1 = 4$$

$$拉结筋行数 = \frac{层高 - 50 - 50 - 2 \times 水平分布筋间距}{拉结筋水平间距} + 1 = \frac{3\,000 - 50 - 50 - 2 \times 150}{600} + 1 = 6$$

拉结筋根数 = 拉结筋列数 × 拉结筋行数 = 4 × 6 = 24(根)

拉结筋总数 = 45 + 24 × 5 = 165(根)

所以,拉结筋总根数为 165 根,长度 320 mm,直径为 6 mm,HPB300 级。

2. 构造边缘柱 GAZ1

GAZ1 要计算的钢筋有纵筋和箍筋两种,又因 GAZ1 与框架梁相交,所以,纵向钢筋计算长度 = 基础内插筋长度 + 中间部分长度 + 顶层锚固长度。

1)柱纵筋

(1)基础插筋长度

插筋保护层厚度均小于 5 × 18 = 90(mm),因此,剪力墙纵向钢筋伸入基础内底部受力筋上部,弯折 6d 且 ≥ 150 mm,所以,基础插筋长度 = 700 - 40 - 16 × 2 + 150 = 778(mm)。

(2)中间部分长度

同剪力墙纵筋长度,则中间部分长度 = 1 200 + 17 900 - 500 = 18 600(mm)。

(3)伸入梁内锚固长度

GAZ1 柱与梁相交,GAZ1 柱与 WKL1 梁锚固长度应根据 22G101—1 图集第 2-16 页按中柱①或②计算(图 4.19),且应满足《混凝土异形柱结构技术规程》(JGJ 149—2017)第 6.3.2 条的要求,如图 4.20 所示。

$0.5l_{abE} = 0.5 \times 37d = 0.5 \times 37 \times 18 = 333$(mm),墙伸出梁内弯折长度 = 500 - 35 = 465(mm),333 mm < 465 mm。

伸至柱顶 3 根钢筋,锚固长度 = 500 - 35 + 12 × 18 = 681(mm)。

小计:纵向钢筋共 6 根,长度为 778 + 18 600 + 681 = 20 059(mm),直径为 18 mm,HRB400 级。

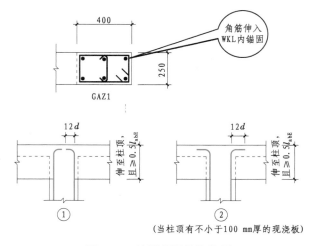

图 4.19　柱顶部钢筋构造图

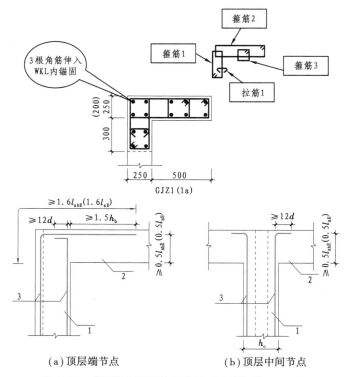

图 4.20　《混凝土异形柱结构技术规程》第 6.3.2 条

2) 箍筋

GAZ1 柱截面图有两种箍筋:一种是封闭箍筋,一种是拉筋。GAZ1 箍筋计算过程见表 4.9。

表 4.9　GAZ1 箍筋计算过程

钢筋名称	计算项目	计算过程
封闭箍筋	长度	计算公式=周长+135°弯钩的 2 倍弯钩长度
		长度 = 2×(400−20×2+250−20×2) +2×11.9×8 = 1 331(mm)

续表

钢筋名称	计算项目	计算过程
封闭箍筋	根数	计算公式＝(钢筋布置范围长度−起步距离)/间距+1
		柱内根数＝(1 200+17 900−20−50)/150+1＝128(根)
		又基础内设 2 根
		小计根数：128+2＝130(根)
拉筋	长度	长度＝250−40+2×11.9×8＝401(mm)
	根数	小计根数：128+2＝130(根)

3. 构造边缘柱 GJZ1

GJZ1 的钢筋算量与 GAZ1 有些不同，GJZ1 是 KL1 和 WKL1 的支座，且是角柱，锚固长度应按 22G101—1 图集第 2-15 页要求，且应满足《混凝土异形柱结构技术规程》(JGJ 149—2017)第 6.3.2 条的要求。

1)纵筋

$1.6l_{abE}＝1.6×37d＝1.6×37×18＝1\ 066(mm)$，$500−35+550−35×2＝945(mm)<1\ 066\ mm$，故节点应选用 22G101—1 图集第 2-14 页节点(a)+(c)进行计算，所以本工程按外侧纵向钢筋伸入梁顶的情况为不少于柱外侧纵筋的 65% 计算，柱筋在梁对面有 3 根纵筋全部伸入梁内 1.6 倍锚固长度，其他 11 根钢筋在柱顶弯折 $12d$，示意图如图 4.20 所示。

①伸至柱顶 3 根钢筋，锚固长度$＝1.6l_{abE}＝1\ 066(mm)$。

②11 根钢筋按在柱顶弯折 $12d$，锚固长度$＝500−35+12×18＝681(mm)$。

小计：纵向钢筋共 14 根，直径为 18 mm，HRB400 级。3 根长度为 $778+18\ 600+1\ 066＝20\ 444(mm)$，11 根长度为 $778+18\ 600+681＝20\ 059(mm)$。

2)箍筋

计算方法同 GAZ1，计算过程见表 4.10。

表 4.10　GJZ1 箍筋计算过程

钢筋名称	计算项目	计算过程
箍筋 1	长度	计算公式＝周长+135°弯钩的 2 倍弯钩长度
		周长＝(550−20×2+250−20×2)×2 ＝1 440(mm)
		135°弯钩的 2 倍弯钩长度＝2×11.9×8＝191(mm)
		总长＝1 440+191＝1 631(mm)
	根数	计算公式＝(钢筋布置范围长度−起步距离)/间距+1
		柱内根数＝(1 200+17 900−20−50)/150+1＝128(根)
		又基础内设 2 根
		小计根数：128+2＝130(根)

续表

钢筋名称	计算项目	计算过程
箍筋 2	长度	计算公式＝周长+135°弯钩的 2 倍弯钩长度
		周长＝(750-20×2+250-20×2)×2＝1 840(mm)
		135°弯钩的 2 倍弯钩长度＝2×11.9×8＝191(mm)
		总长＝1 840+191＝2 031(mm)
	根数	小计根数:128+2＝130(根)
箍筋 3	长度	计算公式＝周长+135°弯钩的 2 倍弯钩长度
		50 为柱纵筋距转角边距离
		周长＝[(500-20-50)/2+250-20×2]×2＝850(mm)
		135°弯钩的 2 倍弯钩长度＝2×11.9×8＝191(mm)
		总长＝850+191＝1 041(mm)
	根数	小计根数:128+2＝130(根)
拉筋 1	长度	长度＝250-40+2×11.9×8＝401(mm)
	根数	小计根数:128+2＝130(根)

4. 连梁 LL1

连梁 LL1 要计算的钢筋有纵筋与箍筋两种。梁截面尺寸为 250×1 500 mm,上、下部纵筋各为 4 根且分上、下两排,直径为 20 mm,HRB400 级,箍筋为一道封闭箍筋。

1)计算参数

柱混凝土保护层厚度为 35 mm,连梁混凝土保护层厚度为 20 mm,混凝土强度等级均为 C35,二级抗震。

2)判断锚固情况

查 22G101—1 图集第 2-3 页,$l_{aE}＝37d＝37×20＝740$(mm),又连梁支座柱宽为 600 mm,$h_c-C＝600-35＝565$(mm)$≤l_{aE}$ 且≤600 mm,构造要求详见 22G101—1 图集第 2-27 页,因此是梁上部纵筋伸入柱边向下弯折 $15d$,梁下部纵筋伸入柱边向上弯折 $15d$。

3)计算过程

LL1 钢筋计算过程见表 4.11。

表 4.11　LL1 钢筋计算过程

钢筋名称	计算项目	计算过程
上、下部纵筋	长度	计算公式＝左端支座锚固长度+梁净长+右端支座锚固长度
		左、右端支座锚固长度＝600-35+15×20＝865(mm)
		梁净长＝1 800 mm
		总长＝865+1 800+865＝3 530(mm)
	根数	8 根,直径 20 mm,HRB400 级

续表

钢筋名称	计算项目	计算过程
箍筋	长度	计算公式 = 周长 + 135°弯钩的 2 倍弯钩长度
		周长 = (1 500−20×2+250−20×2)×2　= 3 340(mm)
		135°弯钩的 2 倍弯钩长度 = 2×11.9×10 = 238(mm)
		总长 = 3 340+238 = 3 578(mm)
	根数	计算公式 = (梁长−起步距离)/间距+1,起步距离 50 mm
		根数 = (1 800−50×2)/100+1 = 18(根)
		小计根数:18 根,直径 20 mm,HPB300 级

任务总结

准确识读结构平法图和使用各种标准图集是工程量计算的基础,通过计算构件钢筋工程量,又可以使识图能力得到强化、加深。

剪力墙的钢筋工程量计算,首先要分析构件在工程中与其他构件之间的关系,才能准确选用各种计算参数,确定构件之间的钢筋构造。只要弄清构件之间的关系,剪力墙的钢筋工程量计算并不难。其次在确定构件的钢筋构造后,才能分别按每种钢筋种类采取列表和分步方法进行计算。

思考题

请尝试计算英才公寓项目中④轴与Ⓕ至Ⓔ轴的剪力墙 Q1,以及构造边缘柱 GJZ3 的钢筋工程量。

拓展链接

剪力墙的钢筋工程量计算公式

1. 墙身

1)墙身水平钢筋

(1)直墙

①直墙尽端无暗柱(一般墙厚)时:

$$内、外侧钢筋长度 = (墙长−2×保护层厚度)+2×10d$$

钢筋搭接为每隔一根错开(≥500 mm)搭接;搭接长度 ≥ $1.2l_{aE}$($1.2l_a$)。

②直墙尽端为暗柱(一般墙厚)时:

$$内、外侧钢筋长度 = (墙长−2×保护层厚度)+2×10d$$

钢筋搭接为每隔一根错开(500 mm)搭接;搭接长度 ≥ $1.2l_{aE}$($1.2l_a$)。

(2)转角墙

①转角墙墙端为暗柱时:

外侧钢筋在转角处搭接时:

外侧钢筋长度 = (转角墙长−2×保护层厚度)+2×0.8l_{aE}+[搭接长度:搭接长度 ≥ $1.2l_{aE}$($1.2l_a$)若有]

内侧钢筋长度 = 墙净长+2×伸至对边长度+2×15d+[搭接长度:搭接长度 ≥ $1.2l_{aE}$($1.2l_a$)若有]

②转角墙墙端为大截面端柱(结构柱)时：

a.x 向、y 向墙外皮均与柱外皮齐平：

内、外侧钢筋长度=墙净长+2×0.6l_{abE}+2×15d+[搭接长度:搭接长度≥1.2l_{aE}(1.2l_a)若有]

b.y 向墙外皮与柱外皮齐平,x 向墙居柱中：

内、外侧钢筋长度=墙净长+2×0.6l_{abE}+2×15d+[搭接长度:搭接长度≥1.2l_{aE}(1.2l_a)若有]

c.y 向墙外皮与柱外皮齐平,x 向墙内皮与柱内皮齐平：

内、外侧钢筋长度=墙净长+2×0.6l_{abE}+2×15d+[搭接长度:搭接长度≥1.2l_{aE}(1.2l_a)若有]

d.斜交转角墙：

(x 向+y 向)外侧钢筋转折连通设置长度=墙长-2×保护层厚度+2×10d

(x 向+y 向)内侧钢筋长度=两段墙长[(从某一尽端到内转折点为一段墙长)+(到内转折点伸至对边长度+弯折15d)]-2×保护层厚度+2×10d

(3)直角(丁字)翼墙

x 向:内、外侧钢筋连通设置按直墙尽端无暗柱(一般墙厚)计算即可。

$$内、外侧钢筋长度=(墙长-2×保护层厚度)+2×10d$$

y 向:内、外侧钢筋长度=墙净长-1×保护层厚度+伸至对边长度+15d+10d

(4)斜交翼墙

主(长)墙内、外侧钢筋连通设置长度=(墙长-2×保护层厚度)+2×10d

次(短)墙内、外侧钢筋长度=各自墙长(从尽端到斜交叉点为各自墙长)+伸至对边长度+15d-1×保护层厚度+1×10d

(5)端柱翼墙

①y 向墙外皮与柱外皮齐平,x 向墙居柱中：

y 向:内、外侧钢筋连通设置按直墙尽端无暗柱(一般墙厚)计算即可。

$$内、外侧钢筋长度=(墙长-2×保护层厚度)+2×10d$$

x 向:内、外侧钢筋长度=墙净长-1×保护层厚度+伸至对边长度+15d+10d

②x 向、y 向墙均居柱中：

y 向:内、外侧钢筋连通设置按直墙尽端无暗柱(一般墙厚)计算即可。

$$内、外侧钢筋长度=(墙长-2×保护层厚度)+2×10d$$

x 向:内、外侧钢筋长度=墙净长-1×保护层厚度+伸至端柱对边纵筋内侧长度+15d+10d

③y 向墙居柱中、x 向墙外皮与柱外皮齐平：

y 向:内、外侧钢筋连通设置按直墙尽端无暗柱(一般墙厚)计算即可。

$$内、外侧钢筋长度=(墙长-2×保护层厚度)+2×10d$$

x 向:内、外侧钢筋长度=墙长-1×保护层厚度+伸至端柱对边纵筋内侧长度+15d+10d

(6)端柱端部墙

无 $y(x)$ 向墙、$x(y)$ 向墙居柱中：

$x(y)$ 向:内、外侧钢筋长度=墙净长-1×保护层厚度+伸至端柱对边纵筋内侧长度+15d+10d

基础内水平钢筋根数:≤间距500 mm且不少于两道。

墙身水平钢筋根数=(层高-1/2钢筋间距)/间距+1(暗梁、连梁墙身水平筋照设)

【注意】如果剪力墙钢筋配置多于两排,中间排水平分布筋端部构造同内侧钢筋。

(7)剪力墙墙身有洞口时

当剪力墙墙身有洞口时,墙身水平分布筋在洞口左右两边截断,分别向下弯折15d。

2)墙身竖向钢筋(搭接连接)

①首层墙身纵筋长度=基础插筋长度+首层层高+伸入上层的搭接长度≥$1.2l_{aE}(1.2l_a)$。

②中间层墙身纵筋长度=本层层高+伸入上层的搭接长度≥$1.2l_{aE}(1.2l_a)$。

③墙顶层墙身纵筋长度=层净高+顶层锚固长度。

④墙身竖向钢筋根数=(墙净长-100)/间距+1(墙身竖向钢筋从暗柱、端柱边50 mm开始布置)。

⑤剪力墙身有洞口时,墙身竖向钢筋在洞口上下两边截断,分别横向弯折$15d$。

3)墙身拉结筋

墙身拉结筋有梅花形和矩形两种构造,设计未明确时,一般采用梅花形布置。层高范围:从底部板顶往上第二排水平分布筋至层顶部板底(梁底)往下第一排水平分布筋。宽度范围:从墙柱范围外第一列墙身竖向分布筋开始布置;连梁范围内的墙身水平分布筋也要布置拉结筋。长度、根数计算见前述。

2.墙柱

①端柱纵筋和箍筋的构造同框架柱。

②暗柱的纵筋计算同墙身,箍筋见图纸组合计算。

3.墙梁

1)连梁

(1)受力主筋

①中间层连梁在中间洞口:

纵筋长度=洞口宽度+两端锚固长度$\max(l_{aE},600)$

②中间层连梁在端部洞口处:

纵筋长度=洞口宽度+两端锚固伸至对边长度+$15d$或两端直锚长度$\max(l_{aE},600)$

③顶层连梁钢筋构造同中间层连梁钢筋构造,计算方法相同。

(2)非贯通钢筋(对于跨高比不小于5的连梁)

第一排非贯通钢筋长度=$l_n/3$+两端锚固长度$\max(l_{aE},600)$

第二排非贯通钢筋长度=$l_n/4$+两端锚固长度$\max(l_{aE},600)$

(3)箍筋

①中间层连梁,洞口范围内布置箍筋,洞口两边再各加1根,即:

N=(洞口宽-50×2)/间距+1(中间层)

②顶层连梁,纵筋长度范围内均布置箍筋,即:

N=[(l_{aE}-100)/150+1]×2+(洞口宽-50×2)/间距+1(顶层)

2)暗梁、边框梁

纵筋长度=梁净长+两端锚固长度(端部锚固长度同框架结构节点)

箍筋:箍筋按边框梁截面计算。

与连梁重叠时,暗梁纵筋与箍筋和连梁纵筋与箍筋若位置与规格相同的,则可贯通;规格不同的,则相互搭接,搭接长度为≥l_{lE}且≥600 mm。箍筋计算高度包括连梁高度一起计算。

【注意】

①连梁交叉斜筋配筋LL(JX)、连梁集中对角斜筋配筋LL(DX)、连梁对角暗撑配筋LL(JC)等类型的钢筋及附加钢筋长度计算:构造形式复杂多样,没有详图配合不能一一列出其计算式,可详见22G101—1图集第2-30页。

②剪力墙洞口补强构造:形式复杂,没有详图配合不能一一列出其计算式,详见22G101—1图集第2-32页。

拓展与思考

    张军是北京高铁工务段沧州西高铁线路车间检查工区的一名普通员工。为了掌握高铁钢轨小机打磨这项技术的精准操控方法,尽早结束依赖德国人员和技术解决钢轨病害的历史,他潜心钻研,终于使自己的小机打磨技术练得炉火纯青。高铁设备对精度的要求极高,钢轨廓形的精度要控制在1/10毫米级。每次上线作业,张军都是蹲在铁道旁,用大拇指在钢轨顶面轻轻触摸,肉眼几乎看不到的鱼鳞纹却逃不过他的双手,一旦检查出来,当晚必须立即打磨处理。否则就会形成掉块,严重时甚至导致断轨。每一处打磨,张军都要在铁路上不停地行走3个多小时。至今张军共消除钢轨病害410余处,被誉为国内高铁钢轨小机打磨技术第一人,是北京铁路局授予的首批"京铁工匠"。

    通过上述资料,请你谈谈一丝不苟、精益求精的工匠态度对建筑结构识图与钢筋算量工作的重要意义。

复习思考题

1. 填写表4.12中的构件名称。

2. 如图4.21所示剪力墙的混凝土保护层厚度为20 mm,请完成:

（1）分析此剪力墙的构件组成;

（2）描述Q1的钢筋设置;

（3）确定水平钢筋在GAZ1、GJZ1中的锚固长度。

表4.12　题1表

构件代号	构件名称	构件代号	构件名称
Q		BKL	
LL		GBZ	
AL		YBZ	

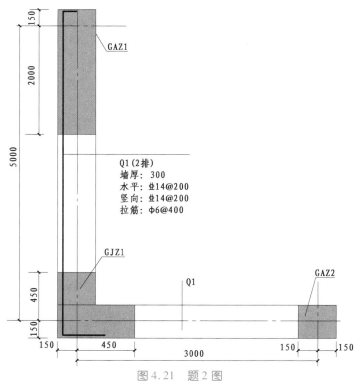

Q1(2排)
墙厚: 300
水平: ⊈14@200
竖向: ⊈14@200
拉筋: Φ6@400

图4.21　题2图

3.请绘制剪力墙身竖向钢筋在基础内插筋的构造图。

4.某剪力墙洞口的平法标注如下,试述标注中各项字符的含义。

JD1　300×400

2 层:+0.900　3 层:+1.500

其他层:-0.500

3 Ф14

5.已知剪力墙端柱和连梁,结构抗震等级为一级,C30 混凝土,墙柱混凝土保护层厚度为 30 mm,轴线居中,基础顶标高为-1.000,基础底板厚度为 1 000 mm,墙柱采用机械连接,墙身采用绑扎搭接,如图4.22 所示。

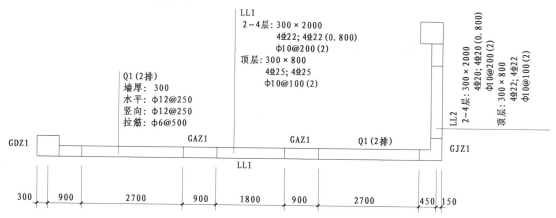

（a）平面布置与截面注写内容

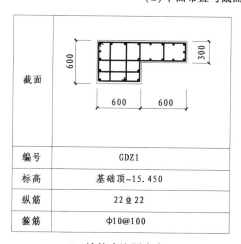

编号	GDZ1
标高	基础顶~15.450
纵筋	22 Ф22
箍筋	Ф10@100

（b）墙柱表注写内容

屋面	15.450	
4	11.350	4.1
3	7.750	3.6
2	4.150	3.6
1	-0.050	4.2
层号	标高/m	层高/m
结构层楼面标高		

（c）结构层楼面标高和结构层高

图 4.22　剪力墙平法标注内容

（1）请绘制连梁的截面配筋图。

（2）查阅 22G101—1 图集,LL1 纵筋在墙柱中的锚固长度为多少?

（3）计算连梁纵筋的长度。

（4）确定顶层连梁箍筋的配置范围,洞口范围箍筋布置的起步距离为多少?

（5）计算连梁箍筋的根数。

（6）查阅 22G101—3 图集关于墙柱纵筋在基础内插筋的锚固要求,并计算插筋的长度。

模块 5 梁构件钢筋工程量计算

【知识目标】

1.理解梁的各种构件钢筋的构造特点;

2.识读楼层框架梁、非框架梁、悬挑梁的配筋构造。

【能力目标】

1.描述梁的各种构件钢筋构造;

2.分析楼层框架梁、非框架梁、悬挑梁的配筋构造及钢筋计算方法;

3.能计算单跨、多跨框架梁的钢筋工程量。

【素养目标】

通过完成英才公寓项目中梁构件的钢筋工程量计算,培养良好的沟通能力和团结协作意识。

任务 5.1 梁构件受力简析和构造

通过本任务的学习,你将能够:

1.了解梁构件钢筋受力情况;

2.理解梁构件在建筑中的作用;

3.掌握梁构件的构造。

任务说明

1.请指出梁构件承受的主要荷载和受力情况;

2.请说出梁构件的分类和钢筋骨架包括的内容;

3.请列表指出英才公寓项目结构施工图中梁构件的类型。

任务分析

1.梁在建筑中的作用是什么?

2. 梁都有哪些构件类型？名称是什么？

3. 梁构件内有哪些类型的钢筋？

4. 英才公寓项目中的梁构件在什么图纸中能够找到？

任务实施

1.梁构件受力分析及破坏形式

在土木工程中,梁主要承受梁自重、梁上墙体重和板传来的荷载,其杆件变形以弯曲为主,是典型的受弯构件。

实践和理论证明,受弯构件在荷载作用下引起的破坏有两种可能:一种是由弯矩引起的破坏,在弯矩较大处沿着与梁的轴线垂直的截面发生破坏;另一种是由弯矩和剪力共同作用引起的破坏,在支座附近沿着与梁的轴线倾斜的截面发生破坏,即梁的正截面和斜截面破坏,如图5.1所示。

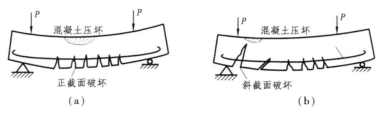

图 5.1　受弯构件的破坏截面

因此,在进行受弯构件设计时,需要进行正截面受弯承载力和斜截面受剪承载力计算。为保证受弯构件不因弯矩作用而破坏,构件必须有足够的截面尺寸和纵向受力钢筋;为保证斜截面不因弯矩、剪力作用而破坏,构件除满足截面尺寸要求外,尚应配置箍筋,必要时配置弯起钢筋。

2.梁构件的分类和梁钢筋骨架

梁构件的分类方式有很多种,按照结构工程属性,分为框架梁、框支梁、内框架梁、砌体墙梁、砌体过梁、剪力墙连梁、剪力墙暗梁、剪力墙边框梁;按照其在房屋的不同部位,分为屋面梁、楼面梁、地下框架梁、基础梁;依据梁与梁之间的搁置与支承关系,分为主梁和次梁。实际上出现于工程项目中的一根具体的梁,多数是上述 N 种属性的叠加,即不是单纯的某一种梁。

一般的钢筋混凝土梁中,通常配置有纵向受力钢筋、架立钢筋、箍筋和弯起钢筋,如图5.2所示。

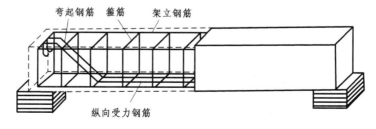

图 5.2　受弯构件的钢筋

①纵向受力钢筋:配置在梁的受拉区(梁下部),承受由弯矩产生的拉力;当荷载比较大

时,在受压区也配置受力筋,它和混凝土共同承受压力。

②弯起钢筋:由纵向受力钢筋在支座处弯起而成,弯起部分用来分担剪力或支座的负弯矩。

梁钢筋
绑扎施工

③架立钢筋:配置在梁上部两边,用以固定箍筋的位置以便形成空间骨架,当梁上部设计有纵向受压筋时,可用之代替架立钢筋。

④箍筋:沿着梁长间隔布置,起承担斜截面剪力,以及限制裂缝开展和固定纵向钢筋的作用。

⑤吊筋:当主梁上有次梁时,在次梁下的主梁中布置吊筋,承担次梁集中荷载产生的剪力。

梁钢筋计算

⑥腰筋:当梁在受有弯矩的同时受有扭矩,则应在梁高中部两侧沿梁长布置受扭钢筋,在施工图上用符号"N"表示;当梁的高度超过一定数值时,为保证梁的稳定性,应在梁高中部两侧沿梁长布置构造钢筋,在施工图上用符号"G"表示。

受扭钢筋与构造钢筋一般统称为"腰筋",腰筋需要用拉筋来固定,拉筋的直径一般同箍筋,沿梁长间隔布置,其间距一般为箍筋间距的 2 倍。

受弯构件的钢筋构造如图 5.3 所示。

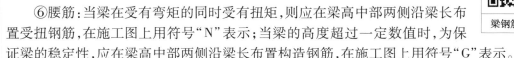

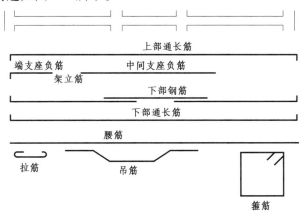

图 5.3　受弯构件的钢筋构造

3. 英才公寓项目梁构件类型

从英才公寓项目结施-10、结施-12 中可以看出,本工程为异形柱框架-剪力墙结构,梁构件类型包括框架梁、非框架梁、悬挑梁、屋面框架梁,具体类型和名称见表 5.1。

表 5.1　英才公寓项目梁构件类型表

类　型	名　称
框架梁	KL1 ~ KL39
非框架梁	L1,L2,L3,L4
悬挑梁	XL1,XL1(XL),XL2(XL)
屋面框架梁	WKL1 ~ WKL33

任务总结

梁是建筑结构体系中主要的竖向承重构件和传力构件,承受梁自重、梁上墙体重和板传来的荷载,并起着把力传递给柱子的作用,清楚梁构件受力、作用、分类是认识梁构件的基础。

思考题

1. 从材料、受力、作用3个方面分析梁与柱的不同之处。
2. 梁与柱中分别都有哪些钢筋?

拓展链接

梁的构造要求

1. 截面尺寸

矩形截面梁的高宽比 h/b 一般取 2.0~3.5;T形截面梁的高宽比 h/b 一般取 2.5~4.0(此处 b 为梁肋宽)。为了统一模板尺寸便于施工,梁的截面宽度通常取为 b = 120,150,180,200,220,250,300,350 mm 等尺寸;梁的截面高度 h 通常取为 250,300,350,750,800,900,1 000 mm 等尺寸。

2. 纵向受力钢筋

梁中常用的纵向受力钢筋直径为 10~28 mm。当梁高 $h \geq 300$ mm 时,钢筋直径不应小于 10 mm,根数不少于 2 根,分别布置在截面上、下侧的角部,以便与箍筋绑扎形成骨架。梁内受力钢筋的直径宜尽可能相同。当采用两种不同直径的钢筋时,则钢筋直径至少宜相差 2 mm,以便在施工中能用肉眼识别。

3. 纵向构造钢筋

对于单筋截面梁,在梁的受压区还要布置架立筋,架立筋一般为 2 根,分别放在截面受压区的角部。架立筋的作用主要是固定箍筋并与截面受拉区的受力纵筋组成钢筋骨架。

架立筋的直径与梁的跨度 l 有关。当梁的跨度 $l<4$ m 时,架立筋直径不宜小于 8 mm;当梁的跨度 l = 4~6 m 时,不应小于 10 mm;当梁的跨度 $l>6$ m 时,不宜小于 12 mm。如果在截面受压区也配置了受力钢筋,则没有必要再单独设置架立筋。

当梁的腹板高度 $h_w>450$ mm 时,在梁的两侧面沿高度应设置纵向构造钢筋,每侧纵向构造钢筋(不包括梁上、下部受力钢筋及架立钢筋)的截面面积不应小于腹板截面面积 bh_w 的 0.1%,且其间距不宜大于 200 mm。

4. 箍筋

按承载力计算不需要箍筋的梁,当截面高度大于 300 mm 时,应沿梁全长设置构造箍筋;当截面高度 h = 150~300 mm 时,可仅在构件端部 $l_0/4$ 范围内设置构造箍筋,l_0 为跨度。但当在构件中部 $l_0/2$ 范围内有集中荷载作用时,则应沿梁全长设置箍筋。当截面高度小于 150 mm 时,可以不设置箍筋。

截面高度大于 800 mm 的梁,箍筋直径不宜小于 8 mm;截面高度不大于 800 mm 的梁,箍筋直径不宜小于 6 mm。梁中配有计算需要的纵向受压钢筋时,箍筋直径尚不应小于 $d/4$,d 为受压钢筋的最大直径。

任务5.2　识读梁构件平法施工图

通过本任务的学习,你将能够:

1. 了解梁构件平法施工图表达形式;

2. 理解梁构件钢筋的标注;

3. 掌握梁构件平法钢筋构造。

任务说明

请说出常见的框架梁、非框架梁、悬挑梁的平法制图规则,并指出英才公寓项目结构施工图中梁构件的钢筋布置。

任务分析

1. 框架梁都设置了哪些钢筋?

2. 框架梁、非框架梁、悬挑梁用什么符号表示?

3. 这些构件的钢筋是如何在结构平法施工图中描述的?

4. 英才公寓项目结构施工图中梁构件的钢筋是如何布置的?

任务实施

1. 框架梁中设置的钢筋

框架梁(KL)是指两端与框架柱(KZ)相连的梁,或者两端与剪力墙相连但跨高比不小于5的梁。框架梁构件中的钢筋就像人体的骨骼一样,只有形成一个整体的钢筋骨架才能承受力的作用。框架梁的钢筋骨架主要由纵向钢筋和箍筋组成,见表5.2。

表5.2　框架梁内钢筋

类　型	钢　筋
纵向钢筋	上部通长筋、架立筋
	侧面纵向构造钢筋、受扭钢筋
	下部通长或不通长钢筋
	支座上部非贯通筋
箍　筋	
附加钢筋	吊筋等

2. 梁构件平法施工图制图规则

1)梁平法施工图的表示方法

梁平法施工图是在梁平面布置图上采用平面注写方式或截面注写方式表达。

梁平面布置图应分别按梁的不同结构层(标准层),将全部梁和与其相关联的柱、墙、板一

梁的平法表示

起采用适当比例绘制。

在梁平法施工图中,应注明各结构层的顶面标高及相应的结构层号;对于轴线未居中的梁,应标注其与定位轴线的尺寸(贴柱边的梁可不注)。

2)梁平法施工图的注写方式

梁平法施工图有平面注写和截面注写两种方式。当梁为异形截面时,可用截面注写方式,否则宜用平面注写方式。

(1)平面注写方式

平面注写包括集中标注和原位标注。集中标注表达梁的通用数值,即梁多数跨都相同的数值;原位标注表达梁的特殊数值,即梁个别截面与其不同的数值。当集中标注中的某项数值不适用于梁的某部位时,则将该项数值原位标注,施工时原位标注取值优先。

梁构件平面注写内容见表5.3。梁平面注写示例如图5.4所示。

表5.3　梁构件平面注写内容

平面注写方式	注写内容	注写类型	备　注
集中标注 (详见22G101—1图集第1-22、1-23、1-24、1-25页)	梁编号(必注值)	KL:楼层框架梁 KBL:楼层框架扁梁 WKL:屋面框架梁 KZL:框支梁 TZL:托柱转换梁 L:非框架梁 XL:悬挑梁 JZL:井字梁	梁类型代号、序号、跨数及有无悬挑代号。例如: KL1(3):第1号框架梁,3跨; KL1(3A):第1号框架梁,3跨,一端有悬挑; KL1(3B):第1号框架梁,3跨,两端有悬挑
	梁截面尺寸(必注值)	等截面梁:$b \times h$ 竖向加腋梁:$b \times h\ Yc_1 \times c_2$ (c_1 为腋长,c_2 为腋高) 水平加腋梁,一侧加腋时: $b \times h\ PYc_1 \times c_2$($c_1$ 为腋长,c_2 为腋宽) 当有悬挑梁且根部和端部高度不同时:$b \times h_1/h_2$	梁截面宽度和高度
	箍筋(必注值)	Φ10@100/200(4) Φ10@100(4)/200(2)	钢筋种类、直径、加密区与非加密区间距及肢数
	梁上下部通长筋(必注值)	2Φ20;3Φ20	梁上部钢筋、梁下部钢筋
	架立筋(必注值)	2Φ20+(2Φ20)	梁上部通长筋、架立筋
	梁侧面纵向构造钢筋或受扭钢筋(必注值)	G4Φ12:构造钢筋 N4Φ14:受扭钢筋	对称布置
	梁顶面标高高差(选注值)	(−0.100)	相对于结构层楼面标高的高差值

续表

平面注写方式	注写内容	注写类型	备　注
原位标注 （详见22G101—1 图集第1-25、 1-26、1-27页）	梁支座上部纵筋	6 Φ 25 4/2 2 Φ 25+2 Φ 22	斜线表示纵筋自上而下分开 加号表示不同直径
	梁下部纵筋	6 Φ 25（−2）/4	负号表示不伸入支座
	附加箍筋或吊筋	8 ϕ 10（2）	括号内数字表示肢数

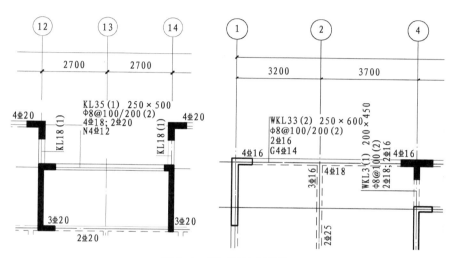

图 5.4　梁平面注写示例

（2）截面注写方式

截面注写方式,是指在分标准层绘制的梁平面布置图上,分别在不同编号的梁中各选一根梁用剖面号引出配筋图,并在其上注写截面尺寸和配筋具体数值的方式来表达梁平法施工图。梁截面注写示例如图5.5所示。

对所有梁进行编号,从相同编号的梁中选择一根梁,用剖面号引出截面位置,再将截面配筋详图画在本图或其他图上。当某梁的顶面标高与结构层的楼面标高不同时,尚应继其梁编号后注写梁顶面标高高差(注写规定同平面注写方式)。在截面配筋详图上注写截面尺寸 $b \times h$、上部筋、下部筋、侧面构造筋或受扭筋以及箍筋的具体数值时,其表达形式与平面注写方式相同。

截面注写方式既可以单独使用,也可与平面注写方式结合使用。在梁平法施工图的平面图中,当局部区域的梁布置过密时除了采用截面注写方式表达外,可将过密区用虚线框出,适当放大比例后再用平面注写方式表示。当表达异形截面梁的尺寸与配筋时,用截面注写方式相对比较方便。

3. 梁的钢筋构造

22G101—1图集中梁构件构造详图要求见表5.4。

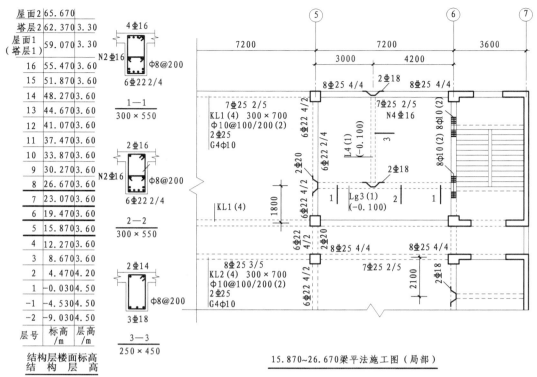

图5.5 梁截面注写示例

表5.4 梁构件构造详图

	梁类型	页码	备 注
纵向钢筋	KL	2-33	水平、竖向加腋构造 2-36
	WKL	2-34	
	L	2-40	
	JZL	2-49	
	XL	2-43	
	KZL	2-47	
箍筋及附加箍筋	KL	2-39	
	WKL		
	KZL	2-47	
	L、JZL、XL	见图纸要求	

4. 英才公寓项目梁构件钢筋平法施工图

识读英才公寓项目梁构件钢筋平法施工图,以框架梁 KL1 和悬挑梁 XL1 为例。KL1 和 XL1 平法施工图采用平面注写方式,如图5.6所示。

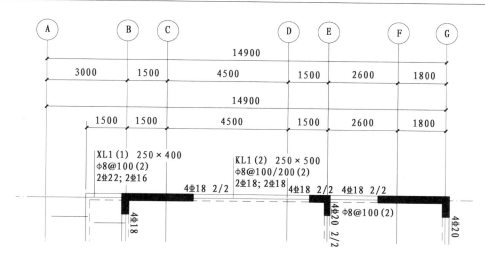

图 5.6　梁钢筋平法施工图

1）框架梁 KL1 平法图识读

（1）集中标注

"KL1（2）250×500　Φ8@100/200（2）　2 ⊈18;2 ⊈18"表示第 1 号框架梁,2 跨,截面宽 250 mm、截面高 500 mm;箍筋为 HPB300 钢筋,直径为 8 mm,加密区间距为 100 mm,非加密区间距为 200 mm,均为双肢箍;梁上部通长筋为 2 根 HRB400 钢筋,直径为 18 mm;梁下部通长筋为 2 根 HRB400 钢筋,直径为 18 mm。

（2）原位标注

"4 ⊈18 2/2"表示支座位置共 4 根直径 18 mm 的钢筋,其中上一排纵筋为 2 ⊈18,下一排纵筋为 2 ⊈18。

2）悬挑梁 XL1 平法图识读

"XL1（1）250×400　Φ8@100（2）　2 ⊈22;2 ⊈16"表示第 1 号悬挑梁,1 跨,截面宽 250 mm、截面高 400 mm;箍筋为 HPB300 钢筋,直径为 8 mm,箍筋间距为 100 mm,双肢箍;梁上部通长筋为 2 根 HRB400 钢筋,直径为 22 mm;梁下部通长筋为 2 根 HRB400 钢筋,直径为 16 mm。

任务总结

在进行框架梁钢筋识图时,需要了解各类梁不同钢筋的构造要求,按照 22G101—1 图集的制图规则和标准构造详图的内容识图。看到梁的平法施工图,就能在脑海里形成钢筋骨架的蓝图,这样才不会漏算、错算钢筋,这也是计算钢筋工程量的基础。

思考题

通过识读英才公寓项目的结构施工图,完成 KL3、L3、XL2（XL）、WKL1 的梁构件钢筋识读。

拓展链接

1. 梁钢筋的平面标注

1）箍筋表示方法

Φ10@100/200(2)表示箍筋为 HPB300 钢筋,直径 10 mm,加密区间距为 100 mm,非加密区间距为 200 mm,均为双肢箍。

Φ10@100/200(4)表示箍筋为 HPB300 钢筋,直径 10 mm,加密区间距为 100 mm,非加密区间距为 200 mm,均为四肢箍。

Φ8@200(2)表示箍筋为 HPB300 钢筋,直径 8 mm,间距为 200 mm,双肢箍。

Φ8@100(4)/150(2)表示箍筋为 HPB300 钢筋,直径 8 mm,加密区间距为 100 mm,四肢箍;非加密区间距为 150 mm,双肢箍。

2）梁有上部通长筋同时也配置下部通长筋时

3⊕22;3⊕20 表示上部通长钢筋为 3⊕22,下部通长钢筋为 3⊕20。

3）梁上部钢筋表示方法(标在梁上支座处即原位标注)

2⊕20 表示 2 根 HRB400 钢筋,直径 20 mm,通长布置,用于双肢箍。

2⊕22+(4Φ12)表示 2⊕22 为通长筋,4Φ12 架立筋,用于六肢箍。

6⊕25 4/2 表示上部钢筋上排为 4⊕25,下排为 2⊕25。

2⊕22+2⊕22 表示梁支座上部只有一排钢筋,2 根在角部,2 根在中部,均匀布置,"+"号前面的在角部。

4）梁侧面纵向钢筋表示方法

G2⊕12 表示梁两侧的构造钢筋,每侧 1 根⊕12。

G4⊕14 表示梁两侧的构造钢筋,每侧 2 根⊕14。

N2⊕22 表示梁两侧的抗扭钢筋,每侧 1 根⊕22。

N4⊕18 表示梁两侧的抗扭钢筋,每侧 2 根⊕18。

5）梁下部钢筋表示方法(标在梁的下部)

4⊕25 表示只有一排钢筋,4⊕25 全部伸入支座内。

6⊕25 2/4 表示有两排钢筋,上排纵为 2⊕25,下排纵为 4⊕25,全部伸入支座。

6⊕25(-2)/4 表示有两排钢筋,上排纵为 2⊕25,不伸入支座;下排纵为 4⊕25,全部伸入支座。

2⊕25+3⊕22(-3)/5⊕25 表示有两排钢筋,上排纵为 5 根,2⊕25 伸入支座,3⊕22 不伸入支座;下排纵筋为 5⊕25,通长布置,全部伸入支座。

2. 具体示例

【例 5.1】 图 5.7 为职工宿舍 1 号楼二层梁结构配筋图①轴框架梁钢筋注写示例,试对框架梁平法标注及构造进行识图分析。

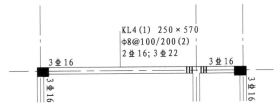

图 5.7 框架梁 KL4(1)钢筋骨架示例

【解】 （1）集中标注

表示第4号框架梁，1跨，截面宽250 mm、截面高570 mm；箍筋为HPB300钢筋，直径为8 mm，加密区间距为100 mm，非加密间距为200 mm，均为双肢箍；梁上部通长筋为2根HRB400钢筋，直径为16 mm；梁下部通长筋为3根HRB400钢筋，直径为22 mm。

（2）原位标注

"3Φ16"表示支座上部共3根直径16 mm的HRB400钢筋，其中包括集中标注中的上部通长筋，另外一根是支座非贯通筋。

【例5.2】 图5.8为职工宿舍1号楼首层梁结构配筋图①轴框架梁钢筋注写示例，试对框架梁平法标注及构造进行识图分析。

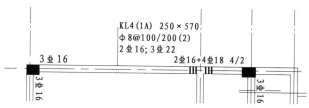

图5.8 框架梁KL4（1A）注写示例图

【解】 （1）集中标注

表示第4号框架梁，1跨，一端悬挑，截面宽250 mm、截面高570 mm；箍筋为HPB300钢筋，直径为8 mm，加密区间距为100 mm，非加密间距为200 mm，均为双肢箍；梁上部通长筋为2根HRB400钢筋，直径为16 mm；梁下部通长筋为3根HRB400钢筋，直径为22 mm。

（2）原位标注

"3Φ16"表示支座上部共3根直径16 mm的HRB400钢筋，其中包括集中标注中的上部通长筋，另外一根是支座非贯通筋；"2Φ16+4Φ18 4/2"表示支座上部纵筋上一排纵筋为2Φ16+2Φ18，下一排纵筋为2Φ18。

【例5.3】 图5.9为职工宿舍1号楼首层梁结构配筋图①轴框架梁钢筋注写示例，试对框架梁平法标注及构造进行识图分析。

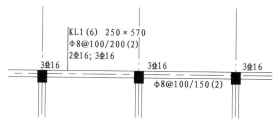

图5.9 框架梁KL1注写示例图

【解】 （1）集中标注

表示第1号框架梁，6跨，截面宽250 mm、截面高570 mm；箍筋为HPB300钢筋，直径为8 mm，加密区间距为100 mm，非加密区间距为200 mm，均为双肢箍；梁上部通长筋为2根HRB400钢筋，直径为16 mm；梁下部通长筋为3根HRB400钢筋，直径为16 mm。

（2）原位标注

3Φ16表示支座上部共3根直径16 mm的HRB400钢筋，其中包括集中标注中的上部通长筋，另外一根是支座非贯通筋；Φ8@100/150（2）表示该位置加密区间距为100 mm，非加密区间距200 mm，均为双肢箍。

【例 5.4】 图 5.10 为职工宿舍 1 号楼首层梁结构配筋图③轴框架梁钢筋注写示例,试对框架梁平法标注及构造进行识图分析。

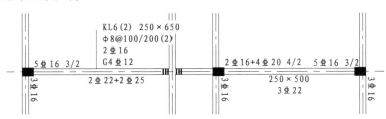

图 5.10 框架梁 KL6 注写示例图

【解】 (1)集中标注

表示第 6 号框架梁,2 跨,截面宽 250 mm、截面高 650 mm;箍筋为 HPB300 钢筋,直径为 8 mm,加密区间距为 100 mm,非加密区间距为 200 mm,均为双肢箍;梁上部通长筋为 2 根 HRB400 钢筋,直径为 16 mm;梁的两个侧面共配置 4 ⊈12 的纵向构造钢筋,每侧各配置 2 ⊈12。

(2)原位标注

"5 ⊈16 3/2"表示支座上部上一排纵筋为 3 ⊈16,下一排纵筋为 2 ⊈16;"2 ⊈16+4 ⊈20 4/2"表示支座上部上一排纵筋为 2 ⊈16+2 ⊈20,下一排纵筋为 2 ⊈20;"2 ⊈22+2 ⊈25"表示梁下部有 4 根纵筋,角部为 2 ⊈22,中间为 2 ⊈25;"250×500 3 ⊈22"表示该位置梁截面宽 250 mm、截面高 500 mm,梁下部有 3 根 HRB400 钢筋,直径为 22 mm。

任务 5.3　计算框架梁钢筋工程量

通过本任务的学习,你将能够:

1. 找出英才公寓项目中框架梁钢筋工程量计算参数;

2. 计算英才公寓项目中框架梁的钢筋工程量。

任务说明

1. 计算英才公寓项目结施-10 中⑫ ~ ⑭轴与Ⓕ轴相交处 KL35(1)的钢筋工程量。

2. 计算英才公寓项目结施-10 中Ⓑ ~ Ⓒ轴与①轴相交处 KL1(2)的钢筋工程量。

任务分析

1. 完成计算任务涉及的图纸有哪些?

2. 基本锚固长度需要重新计算吗?

3. 梁中要计算的钢筋种类有多少? 梁构件钢筋在 22G101—1 图集中是如何规定的?

4. 纵向、水平钢筋的计算分成几部分? 有基本计算公式吗?

5. 计算钢筋工程量的各构件尺寸是否已清楚?

任务实施

英才公寓项目涉及梁的图纸有结构设计总说明(一)、(二),结施-10、结施-12,为异形柱框架-剪力墙结构,梁混凝土强度等级为 C30,钢筋为 HRB400 级,抗震等级三级,C30 时 $l_{aE} = l_{abE} = 37d$;梁所处环境类别为一类,混凝土保护层厚度为 25 mm。

1. 框架梁钢筋构造

22G101—1 图集第 2-33 页,楼层框架梁纵向钢筋构造规定如图 5.11 所示。

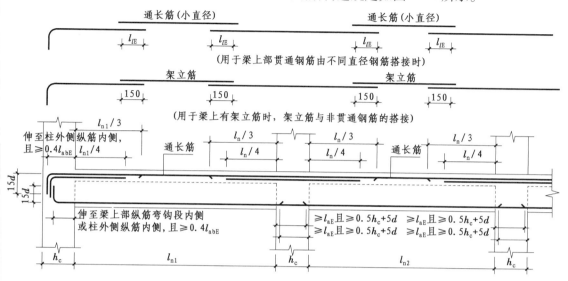

图 5.11　楼层框架梁 KL 纵向钢筋构造

22G101—1 图集第 2-33 页,端支座直锚规定如图 5.12 所示,端支座弯锚规定如图 5.13 所示。

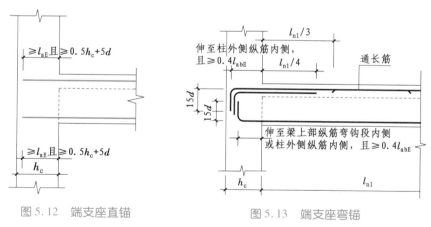

图 5.12　端支座直锚　　　　图 5.13　端支座弯锚

22G101—1 图集第 2-39 页,箍筋加密区范围的规定如图 5.14 所示。

22G101—1 图集第 2-38 页,框架梁与剪力墙平面内、平面外连接构造规定如图 5.15 所示。

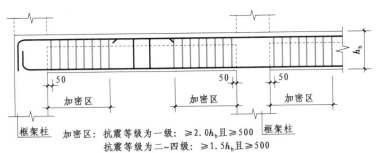

加密区：抗震等级为一级：≥2.0h_b且≥500
　　　　抗震等级为二~四级：≥1.5h_b且≥500

框架梁(KL、WKL)箍筋加密区范围

（弧形梁沿梁中心线展开，箍筋间距
沿凸面线量度。h_b为梁截面高度）

图5.14　箍筋加密区范围

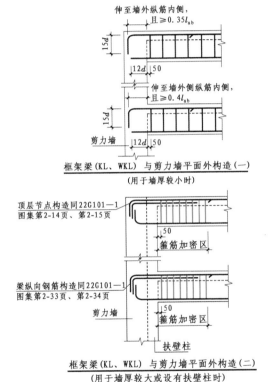

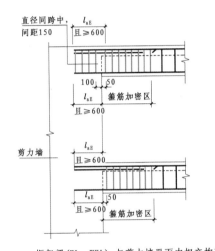

框架梁(KL、WKL) 与剪力墙平面内相交构造

加密区：抗震等级为一级：≥2.0h_b，且≥500mm
　　　　抗震等级为二~四级：>1.5h_b，且≥500mm

注：① 框架梁与剪力墙平面外连接构造（一）、（二）的选用，由设计指定。
　　② 箍筋加密区范围：抗震等级为一级：≥2.0h_b，且≥500mm
　　　　　　　　　　　　抗震等级为二~四级：≥1.5h_b，且≥500mm

图5.15　框架梁与剪力墙平面内、平面外连接构造

2.单跨框架梁钢筋工程量计算

⑫~⑭轴 KL35(1)梁与柱的关系如图5.16所示。

（1）计算条件

KL35(1)的计算条件见表5.5。

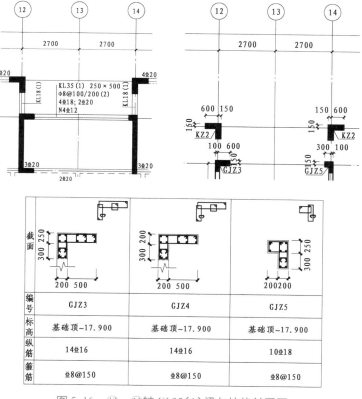

图 5.16   ⑫~⑭轴 KL35(1)梁与柱的关系图

表 5.5   KL35(1)计算条件

KL35(1)	层属性	抗震等级	混凝土强度等级	混凝土保护层厚度	左端柱偏心	右端柱偏心
	楼层梁	三级	C30	25 mm	600 mm	300 mm

（2）需要计算的钢筋

KL35(1)需要计算的钢筋见表5.6。

表 5.6   KL35(1)需要计算的钢筋

通长筋	上部	
	下部	长度;根数
支座非贯通筋	左	
	右	
箍筋		
拉筋		
受扭钢筋		

（3）钢筋计算过程

①上部通长筋计算过程,见表5.7。

表 5.7　上部通长筋计算过程

第 1 步	计算 l_{aE}	查 22G101—1 图集第 2-3 页,$l_{aE}=37d=37\times18=666$(mm)		
第 2 步	左支座锚固长度	由图 5.15 可知,锚固长度取 666 mm		
第 3 步	右支座锚固长度	右支座支撑在 GJZ5 上,按框架柱处理,锚固长度取 $h_c-C+15d=400-25+15\times18=645$(mm)		
第 4 步	净跨长	$5\,400-900=4\,500$(mm)		
第 5 步	上部通长筋长度	净跨长+左、右支座锚固长度	$4\,500+666+645=5\,811$(mm)	根　数
				4 根

②下部通长筋计算过程,见表 5.8。

表 5.8　下部通长筋计算过程

第 1 步	计算 l_{aE}	查 22G101—1 图集第 2-3 页,$l_{aE}=37d=37\times20=740$(mm)			
第 2 步	判断直锚/弯锚（按框架柱支座处理）	直锚	$h_c-C\geq l_{aE}$	左端	$700-25=675$(mm)<740 mm	弯　锚
		弯锚	$h_c-C\leq l_{aE}$	右端	$400-25=375$(mm)<740 mm	
第 3 步	弯锚长度	取大值	$h_c-C+15d$	左端	$700-25+15\times20=975$(mm)	
				右端	$400-25+15\times20=675$(mm)	
			$0.4l_{aE}+15d$		$0.4\times740+15\times20=596$(mm)	
第 4 步	净跨长	$5\,400-900=4\,500$(mm)				
第 5 步	下部通长筋长度	净跨长+左、右支座锚固长度		$4\,500+975+675=6\,150$(mm)		根　数
						2

③箍筋计算过程,见表 5.9。

表 5.9　箍筋计算过程

第 1 步	箍筋长度	$[(250-50)+(500-50)]\times2+2\times11.9\times8=1\,490$(mm)			
第 2 步	加密区长度	一级抗震	$\geq2.0h_b$ 且 ≥500	$1.5\times500=750$(mm)	750 mm
		二~四级抗震	$\geq1.5h_b$ 且 ≥500		
第 3 步	加密区计算	$(1.5h_b-50)/$加密间距+1	$(1.5\times500-50)/100+1$		8 根
第 4 步	非加密区计算	（净跨长-左加密区长-右加密区长）/非加密间距-1	$(5\,400-900-750\times2)/200-1$		14 根
第 5 步	箍筋总根数	$8\times2+14=30$(根)			

④梁侧面纵向钢筋计算。由图 5.16 可知,梁的侧面纵向钢筋为受扭钢筋,直径为 12 mm,根数 4 根。梁的侧面纵向钢筋构造见 22G101—1 图集第 2-41 页。抗扭钢筋计算过程见表 5.10。

表 5.10　抗扭钢筋计算过程

第 1 步	计算 l_{aE}	查 22G101—1 图集第 2-3 页, $l_{aE}=37d=37\times12=444$（mm）			
第 2 步	判断左、右支座锚固长度	取大值	l_{aE}	左　端	444 mm	600 mm
			600 mm		600 mm	
		取大值	支座宽−保护层厚度+15d	右　端	$400-25+15\times12=555$（mm）	555 mm
			$0.4l_{aE}+15d$		$0.4\times444+15\times12=358$（mm）	
第 3 步	净跨长	$5\,400-900=4\,500$（mm）				
第 4 步	总长度	净跨长+左、右支座锚固长度		$4\,500+600+555=5\,655$（mm）	根　数	4

⑤拉筋长度及根数计算。22G101—1 图集规定：当梁宽≤350 mm 时，拉筋直径取 6 mm；梁宽>350 mm 时，拉筋直径取 8 mm。拉筋间距为非加密区箍筋间距的 2 倍。当设有多排拉筋时，上下两排拉筋竖向错开设置。本例中梁宽为 250 mm，故拉筋直径取 6 mm，拉筋间距为 400 mm，设置上下两排拉筋，错开设置。拉筋的弯钩长度同封闭箍筋。拉筋长度和根数计算过程见表 5.11。

表 5.11　拉筋长度和根数计算过程

第 1 步	拉筋的弯钩计算	$l_w=1.9d+\max(75,10d)=1.9\times6+75=86.4$（mm）
第 2 步	单根拉筋的长度计算	单根拉筋的长度=梁宽$-2C+2l_w=250-50+86.4\times2=373$（mm）
第 3 步	拉筋根数的计算	第 1 排拉筋：$n_1=(5\,400-900-2\times50)/400+1=12$（根）
		第 2 排拉筋：$n_2=(5\,400-900-2\times50-200\times2)/400+1=11$（根）

3. 多跨框架梁钢筋工程量计算

①轴 KL1（2）梁平法施工图如图 5.6 所示，KL1（2）与支座的关系如图 5.17 所示。

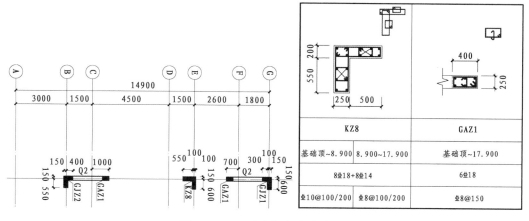

图 5.17　KL1（2）与支座的关系图

（1）计算条件

KL1（2）的计算条件见表5.12。

表5.12　KL1（2）的计算条件

KL1（2）	层属性	抗震等级	混凝土强度等级	混凝土保护层厚度
	楼层梁	三级	C30	25 mm

（2）需要计算的钢筋

KL1（2）需要计算的钢筋见表5.13。

表5.13　KL1（2）需要计算的钢筋

通长筋	上部	长度；根数
	下部	
支座非贯通筋	左	
	右	
箍　筋		

（3）钢筋计算过程

①通长筋计算过程（上部、下部通长筋直径相同），见表5.14。

表5.14　通长筋计算过程

第1步	计算 l_{aE}	查22G101—1图集第2-3页，$l_{aE}=37d=37\times18=666$（mm）		
第2步	左、右支座锚固长度	取大值	l_{aE}	666 mm
			600	
第3步	净跨长	$4\,500+1\,500+2\,600-1\,000-700=6\,900$（mm）		
第4步	上部通长筋长度	净跨长+左、右支座锚固长度	$6\,900+666\times2=8\,232$（mm）	根　数
				2
第5步	下部通长筋长度	净跨长+左、右支座锚固长度	$6\,900+666\times2=8\,232$（mm）	根　数
				2

②各跨支座非贯通筋计算过程，见表5.15。

表5.15　各跨支座非贯通筋计算过程

第1步	计算 l_{aE}	查22G101—1图集第2-3页，$l_{aE}=37d=37\times18=666$（mm）	
第2步	第一跨左支座非贯通筋长度	由图5.15可知，支座非贯通筋的锚固长度（l_{aE},600）取大值，取666 mm。 左支座非贯通筋长度=锚固长度+$\frac{1}{4}l_{n1}=666+\frac{1}{4}\times(6\,000-1\,000-650)$ =1 754（mm）	2根

续表

第3步	第一跨右支座非贯通筋长度	第一跨右支座非贯通筋贯通第二跨,在第二跨右支座锚固,锚固长度 $(l_{aE},600)$ 取大值 第二跨右支座非贯通筋长度 $=\dfrac{1}{4}l_{n1}+$ 中间支座宽度 $+$ 第二跨净跨长 $+$ 右支座锚固长度 $=\dfrac{1}{4}\times(6\,000-1\,000-650)+750+(2\,600-700-100)+666$ $=4\,304(\mathrm{mm})$	2根

③箍筋计算过程,见表 5.16。

表 5.16　箍筋计算过程

第1步	箍筋长度		$[(250-50)+(500-50)]\times2+2\times11.9\times8=1\,490(\mathrm{mm})$		
第2步	加密区长度		一级抗震	$\geqslant2.0h_{b}$ 且 $\geqslant500$	$1.5\times500=750$	750
			二~四级抗震	$\geqslant1.5h_{b}$ 且 $\geqslant500$		
第3步	第一跨	加密区	$(1.5h_{b}-50)/$ 加密区间距 $+1$	$(1.5\times500-50)/100+1$	8根
		非加密区	(净跨长-左加密区长-右加密区长)/非加密区间距 -1	$(4\,350-750\times2)/150-1$	18根
第4步	第二跨	加密区	$(1.5h_{b}-50)/$ 加密区间距 $+1$	$(1.5\times500-50)/100+1$	8根
		非加密区	(净跨长-左加密区长-右加密区长)/非加密区间距 -1	$(1\,900-750\times2)/200-1$	1根
第5步	箍筋总根数		$8\times2+18+8\times2+1=51($ 根)		

任务总结

进行梁的钢筋工程量计算时,把梁分为单跨、多跨梁,判断梁是否有悬挑,结合图纸给出所计算梁的计算条件以及需要计算的钢筋,之后分别计算其钢筋工程量。在钢筋工程量的计算过程中,需要注意上下部通长筋和支座非贯通筋的钢筋直径、根数及锚固方式的变化;箍筋加密区和非加密区的计算;多跨梁跨度、标高、直径变化时其搭接形式、搭接长度的计算。

思考题

请尝试计算英才公寓项目结施-10 中⑤轴与Ⓐ~Ⓓ轴的框架梁 KL5,⑩轴与Ⓒ~Ⓖ轴的框架梁 KL9 的钢筋工程量。

拓展链接

1.钢筋的计算公式

（1）上部通长筋

上部通长筋长度＝净跨长＋首尾端支座锚固长度

（2）端支座非贯通筋

端支座非贯通筋长度：

第一排：$l_n/3$＋端支座锚固长度；

第二排：$l_n/4$＋端支座锚固长度。

（3）下部钢筋

下部钢筋长度＝净跨长＋左右支座锚固长度

以上三类钢筋中均涉及支座锚固问题，下面总结一下以上 3 类钢筋的支座锚固判断问题：

支座宽≥l_{aE} 且≥$0.5h_c+5d$，为直锚，取 $\max(l_{aE},0.5h_c+5d)$。

支座宽<l_{aE} 且<$0.5h_c+5d$，为弯锚，取 $\max(l_{aE}$,支座宽度－混凝土保护层厚度+15d)。

钢筋的中间支座锚固长度取 $\max(l_{aE},0.5h_c+5d)$。

（4）腰筋

构造钢筋：构造钢筋长度＝净跨长＋2×15d。

抗扭钢筋：算法同下部通长筋。

（5）拉筋

拉筋长度＝（梁宽－2×混凝土保护层厚度）+2×$\max(10d,75)$+1.9d+2d

拉筋根数：如果图纸中没有给定拉筋的布筋间距，那么拉筋的根数＝n×（梁净跨长－50×2）/拉筋间距，n 为拉筋的排数；如果给定了拉筋的布筋间距，那么拉筋的根数＝布筋长度/布筋间距。

（6）箍筋

箍筋长度＝（梁宽－2×混凝土保护层厚度+梁高－2×混凝土保护层厚度）×2+2×$\max(10d,75)$+ 2×1.9d+8d

箍筋根数＝（加密区长度/加密区间距+1）×2+（非加密区长度/非加密区间距－1）+1

（7）吊筋

吊筋长度＝2×锚固长度（20d）+2×斜段长度+次梁宽度+2×50，其中框架梁高度>800 mm，夹角＝60°；框架梁高度≤800 mm，夹角＝45°。

（8）中间跨支座非贯通筋

中间跨支座非贯通筋长度：

第一排：$l_n/3$＋中间支座宽度+$l_n/3$；

第二排：$l_n/4$＋中间支座宽度+$l_n/4$。

l_n 为支座两边跨较大值。

2.计算示例

1）单跨框架梁的钢筋

【例5.5】 如图 5.18 所示为二层梁结构配筋图①轴单跨框架梁,跨长 7 800 mm,试计算此框架梁的钢筋工程量。

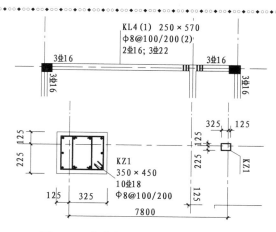

图 5.18　框架梁 KL4(1)平法施工图

【解】　(1)计算条件

KL4(1)的计算条件见表5.17。

表5.17　KL4(1)的计算条件

KL4(1)	层属性	抗震等级	混凝土强度等级	梁、支座混凝土保护层厚度	梁端柱	轴线距柱边
	楼层梁	四级	C25	25 mm	350 mm×450 mm	325 mm

(2)需要计算的钢筋

KL4(1)需要计算的钢筋见表5.18。

表5.18　KL4(1)需要计算的钢筋

通长筋	上部	长度;根数
	下部	
支座非贯通筋	左	
	右	
箍筋		

(3)钢筋计算过程

①上部通长筋计算过程,见表5.19。

表5.19　上部通长筋计算过程

第1步	计算 l_{aE}	查 22G101—1 图集第 2-3 页, $l_{aE}=40d=40×16=640$(mm)			
第2步	判断直锚/弯锚	直　锚	$h_c-C\geqslant l_{aE}$	$450-25=425$(mm)<640 mm	弯　锚
		弯　锚	$h_c-C< l_{aE}$		
第3步	弯锚长度	取大值	$h_c-C+15d$	$450-25+15×16=665$(mm)	665 mm
			$0.4l_{aE}+15d$	$0.4×640+15×16=496$(mm)	
第4步	净跨长	$7\ 800-650=7\ 150$(mm)			
第5步	上部通长筋长度	净跨长+左、右支座锚固长度	$7\ 150+665+665=8\ 480$(mm)		根　数
					2 根

②下部通长筋计算过程,见表5.20。

表5.20　下部通长筋计算过程

第1步	计算 l_{aE}	查22G101—1图集第2-3页,$l_{aE}=40d=40\times22=880$(mm)			
第2步	判断直锚/弯锚	直锚	$h_c-C\geqslant l_{aE}$	$450-25=425$(mm)<880 mm	弯锚
		弯锚	$h_c-C<l_{aE}$		
第3步	弯锚长度	取大值	$h_c-C+15d$	$450-25+15\times22=755$(mm)	755 mm
			$0.4l_{aE}+15d$	$0.4\times880+15\times22=682$(mm)	
第4步	净跨长	$7\ 800-650=7\ 150$(mm)			
第5步	下部通长筋长度	净跨长+左、右支座锚固长度	$7\ 150+755+755=8\ 660$(mm)	根　数	
				3根	

③端支座非贯通筋计算过程,见表5.21。

表5.21　端支座非贯通筋计算过程

第1步	计算 l_{aE}	查22G101—1图集第2-3页,$l_{aE}=40d=40\times16=640$(mm)			
第2步	判断直锚/弯锚	直锚	$h_c-C\geqslant l_{aE}$	$450-25=425$(mm)<640 mm	弯锚
		弯锚	$h_c-C<l_{aE}$		
第3步	弯锚长度	取大值	$h_c-C+15d$	$450-25+15\times16=665$(mm)	665 mm
			$0.4l_{aE}+15d$	$0.4\times640+15\times16=496$(mm)	
第4步	净跨长	$7\ 800-650=7\ 150$(mm)			
第5步	端支座非贯通筋长度	净跨长/3+左支座非贯通筋锚固长度	$7\ 150/3+665=3\ 048$(mm)	根　数	
				2根	

④箍筋计算过程,见表5.22。

表5.22　箍筋计算过程

第1步	箍筋长度	$[(250-50)+(570-50)]\times2+2\times11.9\times8=1\ 630$(mm)		
第2步	加密区长度	一级抗震	$\geqslant2.0h_b$ 且$\geqslant500$	$1.5\times570=855$(mm)	855 mm
		二~四级抗震	$\geqslant1.5h_b$ 且$\geqslant500$		
第3步	加密区计算	$(1.5h_b-50)/$加密区间距+1	$(1.5\times570-50)/100+1$	10根
第4步	非加密区计算	(净跨长-左加密区长-右加密区长)/非加密区间距-1	$(7\ 800-650-855\times2)/200-1$	27根
第5步	箍筋总根数	$10\times2+27=47$(根)		

2)多跨框架梁钢筋

【例5.6】　如图5.19所示为首层梁结构配筋图①轴框架梁,试计算此框架梁的钢筋工程量。

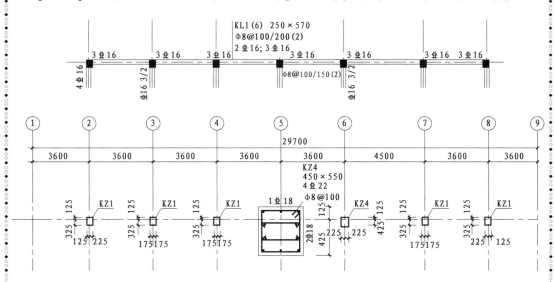

图5.19　框架梁 KL1(6)平法施工图

【解】　(1)计算条件

KL1(6)的计算条件见表5.23。

表5.23　KL1(6)的计算条件

	层属性	抗震等级	混凝土强度等级	混凝土保护层厚度	多长搭接一次	接头形式
KL1(6)	楼层梁	四级	C25	25 mm	9 000 mm	绑扎搭接

(2)需要计算的钢筋

KL1(6)需要计算的钢筋见表5.24。

表5.24　KL1(6)需要计算的钢筋

通长筋	上部	长度;根数
	下部	
支座非贯通筋	左	
	右	
箍筋	第四跨	
	其余跨	

(3)钢筋计算过程

①通长筋计算过程(上部、下部通长筋直径相同),见表5.25。

表5.25　通长筋计算过程

第1步	计算 l_{aE}	查 22G101—1 图集第 2-3 页，$l_{aE}=40d=40×16=640$（mm）			
第2步	判断直锚/弯锚	直　锚	$h_c-C\geq l_{aE}$	$350-25=325$（mm）<640 mm	弯　锚
		弯　锚	$h_c-C<l_{aE}$		
第3步	弯锚长度	取大值	$h_c-C+15d$	$350-25+15×16=565$（mm）	565
			$0.4l_{aE}+15d$	$0.4×640+15×16=496$（mm）	
第4步	净跨长	$3\,600×6+4\,500-450=25\,650$（mm）			
第5步	上部通长筋	净跨长+左、右支座锚固长度	$25\,650+565+565=26\,780$（mm）	根　数	
				2根	
第6步	下部通长筋	净跨长+左、右支座锚固长度	$25\,650+565+565=26\,780$（mm）	根　数	
				3根	
第7步	上部接头	$26\,780/9\,000-1=2$（个）			
	下部接头				
	搭接长度	$1.4l_{aE}=1.4×640=896$（mm）			
第8步	上部通长筋长度	$26\,780+896×2=28\,572$（mm）		2根	
	下部通长筋长度	$26\,780+896×2=28\,5872$（mm）		3根	

②支座非贯通筋计算过程，见表5.26和表5.27。

表5.26　第一跨端支座非贯通筋计算过程

第1步	计算 l_{aE}	查 22G101—1 图集第 2-3 页，$l_{aE}=40d=40×16=640$（mm）			
第2步	判断直锚/弯锚	直　锚	$h_c-C\geq l_{aE}$	$350-25=325$（mm）<640 mm	弯　锚
		弯　锚	$h_c-C<l_{aE}$		
第3步	弯锚长度	取大值	$h_c-C+15d$	$350-25+15×16=565$（mm）	565
			$0.4l_{aE}+15d$	$0.4×640+15×16=496$（mm）	
第4步	第一跨净跨长	$3\,600-225-175=3\,200$（mm）			
第5步	第一跨端支座非贯通筋长度	净跨长/3+左支座非贯通筋锚固长度	$3\,200/3+565=1\,632$（mm）	根　数	
				1根	

表5.27　⑥轴中间支座非贯通筋计算过程

第1步	计算 l_{aE}	查22G101—1图集第2-3页, $l_{aE}=40d=40×16=640$（mm）		
第2步	第四跨净跨长	取大值	$3\ 600-450=3\ 150$（mm）	4 100 mm
	第五跨净跨长		$4\ 500-400=4\ 100$（mm）	
第3步	⑥轴支座左、右非贯通筋长度	净跨长/3×2+中间支座宽度	$4\ 100/3×2+450=3\ 184$（mm）	根　数
				1根

③箍筋计算过程,见表5.28。

表5.28　箍筋计算过程

第1步	箍筋长度		$[(250-50)+(570-50)]×2+2×11.9×8=1\ 630$（mm）		
第2步	加密区长度		一级抗震	≥$2.0h_b$ 且≥500	$1.5×570=855$（mm）	855 mm
			二~四级抗震	≥$1.5h_b$ 且≥500		
第3步	第四跨	加密区	$(1.5h_b-50)$/加密区间距+1	$(1.5×570-50)/100+1=10$（根）	
		非加密区	（净跨长-左加密区长-右加密区长）/非加密区间距-1	$(3\ 600-450-855×2)/150-1=9$（根）	
第4步	第五跨	加密区	$(1.5h_b-50)$/加密区间距+1	$(1.5×570-50)/100+1=10$（根）	
		非加密区	（净跨长-左加密区长-右加密区长）/非加密区间距-1	$(4\ 500-400-855×2)/200-1=11$（根）	
第5步	其余各跨	加密区	$(1.5h_b-50)$/加密区间距+1	$(1.5×570-50)/100+1=10$（根）	
		非加密区	（净跨长-左加密区长-右加密区长）/非加密区间距-1	$(3\ 600-400-855×2)/200-1=7$（根）	
第6步	箍筋总根数		$10×2+9+10×2+11+(10×2+7)×4=168$（根）		

拓展与思考

　　大工程需要多专业、多层次、多学科的团队通力协作才能完成,而钢筋工程量计算只是工程造价工作的一部分,通过扫码观看"北京中国之尊",谈谈你对凝心聚力、团结协作的理解。

北京中国之尊

复习思考题

1. 梁的集中标注包括哪些内容？图 5.20 中梁的集中标注表示梁的哪些信息？

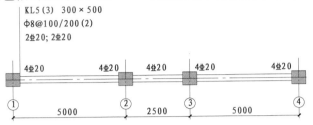

图 5.20　梁的集中标注

2. 根据图 5.21 中梁的集中标注，请说明梁的箍筋设置。

3. 根据梁的集中标注，描述图 5.22 中钢筋的含义。

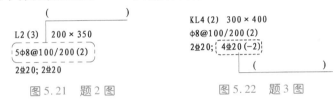

图 5.21　题 2 图　　　　　　　　图 5.22　题 3 图

4. 梁的原位标注包括哪些内容？图 5.23 所示框架梁③轴支座上部钢筋共有_____钢筋，分_____排配置，其中_____钢筋是通长筋。

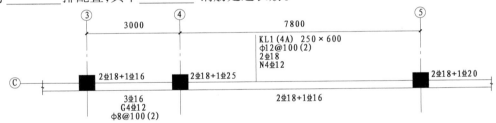

图 5.23　题 4 图

5. 请说出楼层框架梁上部纵筋和下部纵筋在柱内的锚固和截断构造要求。

6. 请说出梁侧面构造钢筋及其拉筋的构造要求。

7. 如图 5.24 所示多跨楼层框架梁 KL7，柱的截面尺寸为 400 mm×700 mm，轴线与柱中线重合。计算条件见表 5.29。

(1)画出 KL7 的 1—1、2—2、3—3、4—4、5—5 断面图，并标注尺寸和配筋。

(2)计算多跨楼层框架梁 KL7 以下钢筋的长度，并写出计算过程。

①上部通长筋；

②②轴支座非贯通纵筋；

③箍筋的根数和单根箍筋的长度；

④下部纵筋。

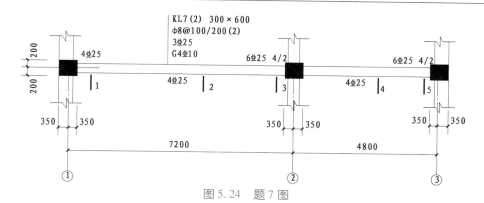

图 5.24　题 7 图

表 5.29　计算条件

混凝土 强度等级	梁混凝土 保护层厚度	柱混凝土 保护层厚度	抗震等级	连接方式	钢筋类型
C30	25 mm	30 mm	三级抗震	对接电阻焊	普通钢筋

模块 6　板构件钢筋工程量计算

【知识目标】

1. 理解板平法施工图的制图规则以及标准构造详图;
2. 识读板标准构造详图。

【能力目标】

1. 掌握板的配筋构造及钢筋计算方法;
2. 计算板的钢筋工程量;
3. 计算悬挑板的钢筋工程量。

【素养目标】

通过完成英才公寓项目中板构件的钢筋工程量计算,培养"四心"(细心、恒心、精心、责任心)意识。

任务 6.1　板构件受力简析和构造

通过本任务的学习,你将能够:

1. 理解板构件在建筑中的作用;
2. 理解板构件钢筋知识体系中的内容;
3. 掌握板的平法施工图制图规则;
4. 掌握板钢筋计算原理。

任务说明

1. 请指出建筑中板承受的主要荷载;
2. 请指出板的类型及板钢筋种类;
3. 请指出英才公寓项目结构施工图中板的各种构造类型;
4. 请说明板钢筋长度及根数的计算原理。

任务分析

1. 板在建筑中的作用是什么？
2. 根据支撑类型,板分为哪几种类型？板的钢筋种类有哪些？
3. 英才公寓项目结构施工图中板钢筋的分布在什么地方能够找到？
4. 板各部分钢筋的计算原理及公式是什么？

任务实施

1. 板在建筑中的作用

板是建筑物的重要组成部分,承受着上面的家具、设备和人等荷载。水平方向上起着分割建筑空间的作用,同时也是水平方向的重要支撑,以抵抗风、地震等水平方向传来的荷载。竖直方向上承受并传递荷载给墙、柱等竖向承重构件,而且在水平方向对墙体、柱起拉结作用。在进行板的构造连接时,必须根据抗震设防要求,用钢筋将板、墙、梁等拉结在一起,以增强建筑物的整体刚度。

2. 板构件钢筋知识体系

板构件钢筋知识体系包括板的类型、板钢筋的种类、板的各种计算情况。板的类型主要包括有梁楼盖板、无梁楼盖板、悬挑板等,见表6.1;板钢筋种类主要包括受力筋、支座负筋、温度筋等,见表6.2;板的计算包括矩形板、异形板、弧形板等计算。

表 6.1　板类型

有梁楼盖板	有梁楼盖板由梁和楼面板组成。楼面荷载通过楼面板传递给梁,再通过梁传递给柱子或墙体	楼面板 LB
		屋面板 WB
		悬挑板 XB
无梁楼盖板	柱上不设置梁(无梁)。楼面荷载一般通过"柱帽"传递给柱子	柱上板带 ZSB
		跨中板带 KZB

表 6.2　板钢筋种类

		下部纵筋
板内钢筋	受力筋	上部贯通纵筋
	板支座上部非贯通纵筋	端支座上部非贯通纵筋
		中间支座上部非贯通纵筋
	支座上部非贯通纵筋的分布筋	
	温度筋	
	其他:马凳筋、洞口附加钢筋、放射筋	

板钢筋绑扎施工

3.板平法施工图制图规则

1)平法标注和传统标注的区别

板的标注目前有两种方式,即传统标注和平法标注,两者的区别见表6.3,示意图如图6.1和图6.2所示。

表6.3　平法标注和传统标注的区别

钢筋位置	传统标注	平法标注	举　例
下部纵筋	要画出下部纵筋,并标出配筋数值和间距	不用画图,直接写出配筋数值和间距,B 表示下部纵筋,T 表示上部贯通纵筋	①~②轴板下部纵筋
支座非贯通纵筋	画出带弯折的图,并标出配筋数值、间距和长度,长度必须标清具体位置(到梁轴线或到梁内边线),支座两边数值相同时都需要标注	画出不带弯折的图,并标出配筋数值、间距和长度,长度均到支座边线。支座两边相同时只标注一边	如④号筋和⑥号筋

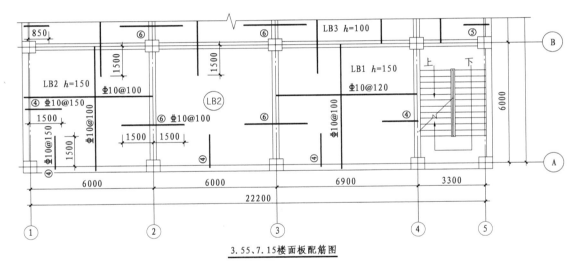

3.55、7.15楼面板配筋图

图6.1　板的传统标注

2)有梁楼盖平法施工图制图规则

(1)板块集中标注

平法施工中,有梁楼盖板的集中标注以"板块"为单位。板块集中标注的内容为:板块编号、板厚、上部贯通纵筋、下部纵筋,以及当板面标高不同时的标高高差。对于普通楼面,两向均以一跨为一板块;对于密肋楼盖,两向主梁(框架梁)均以一跨为一板块(非主梁密肋不计)。所有板块应逐一编号,相同编号的板块可选择其中一块进行集中标注,其他板块仅需注写置于圆圈内的板的编号,以及当板面标高不同时的标高高差。纵筋按板块的下部纵筋和上部贯通纵筋分别注写(当板块上部不设贯通纵筋时则不注),以 B 代表下部纵筋,T 代表上部贯通纵筋,B&T 代表下部与上部;x 向纵筋以 X 打头,y 向纵筋以 Y 打头,两向纵筋配置相同时则以 X&Y 打头。

板的平法表示

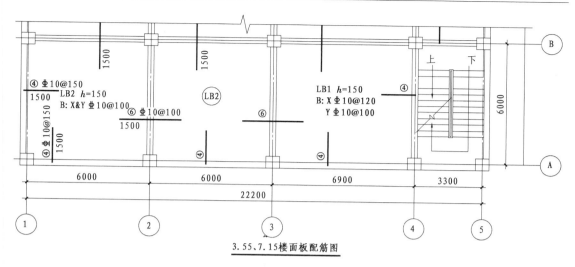

3.55、7.15楼面板配筋图

图6.2　板的平法标注

例如，某楼面板块注写为：LB1 $h=100$

$$B:X \, \Phi 10/12@ 100；Y \, \Phi 10@ 120$$
$$T:X \, \Phi 10@ 100；Y \, \Phi 10@ 120$$

表示 1 号楼面板，板厚 100 mm；板下部（B）配置的纵筋 x 方向为 $\Phi 10$、$\Phi 12$ 隔一布一，$\Phi 10$、$\Phi 12$ 之间的间距为 100 mm，y 方向为 $\Phi 10@ 120$；板上部（T）配置的贯通纵筋 x 方向为 $\Phi 10@ 100$，y 方向为 $\Phi 10@ 120$。

（2）板支座原位标注

板支座原位标注的内容：板支座上部非贯通纵筋和悬挑板上部受力钢筋。板支座原位标注的钢筋，应在配置相同跨的第一跨表达（当在梁悬挑部位单独配置时则在原位表达）。在配置相同跨的第一跨（或梁悬挑部位），垂直于板支座（梁或墙）绘制一段适宜长度的中粗实线（当该筋通长设置在悬挑板或短跨板上部时，实线段应画至对边或贯通短跨），以该线段代表支座上部非贯通纵筋，并在线段上方注写钢筋编号、配筋值、横向连续布置的跨数（注写在括号内，当为一跨时可不注），以及是否横向布置到梁的悬挑端。

板支座上部非贯通纵筋自支座边线向跨内的伸出长度，注写在线段的下方位置。

图 6.3 中②号钢筋为板支座上部非贯通纵筋，其上标注"②$\Phi 12@ 125$"，其下左侧标注"1800"，而右侧为空白，没有尺寸标注。表示这根②号钢筋从支座边线向左侧跨内伸出长度为 1 800 mm，支座负筋的右侧没有尺寸标注，表明该支座负筋向支座右侧对称伸出，即向右侧跨内伸出长度也是 1 800 mm。

图 6.4 表示当支座负筋向支座两侧非对称伸出时，则在支座负筋左右两侧分别进行标注，即③号钢筋从支座边线向左侧跨内伸出长度为 1 800 mm，向右侧跨内伸出长度为 1 400 mm。

图 6.5 表示支座负筋横跨两梁之间以及覆盖整个悬挑长度的悬挑板。对线段画至对边贯通全跨或贯通全悬挑长度的上部通长纵筋，贯通全跨或伸出至全悬挑一侧的长度值不注，只注明非贯通纵筋另一侧的伸出长度值。计算水平段长度时，需要根据图纸注明的尺寸进行计算。

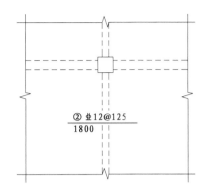

图 6.3　板支座上部非贯通纵筋对称伸出

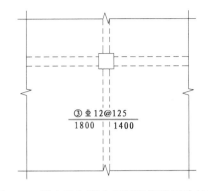

图 6.4　板支座上部非贯通纵筋非对称伸出

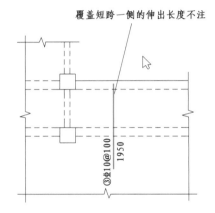

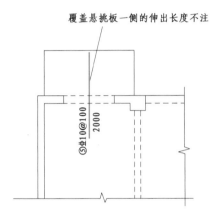

图 6.5　板支座非贯通纵筋贯通全跨或伸出至悬挑端

　　图 6.6 表示当板支座为弧形,支座上部非贯通纵筋呈放射状分布时,设计者应注明配筋间距的度量位置并加注"放射分布"四字,必要时应补绘平面配筋图。

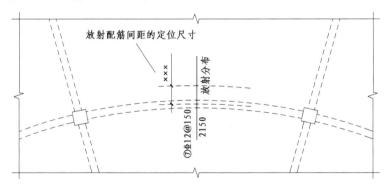

图 6.6　弧形支座处放射配筋

4.板钢筋计算原理

1)下部纵筋

(1)受力筋——下部纵筋 x 方向长度计算

板下部纵筋配置示意图如图 6.7 所示。板在端部支座的锚固构造如图 6.8 所示。

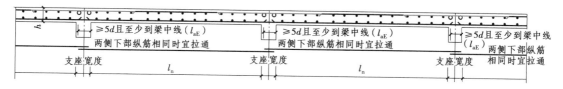

图6.7　板下部纵筋 x 方向长度示意图

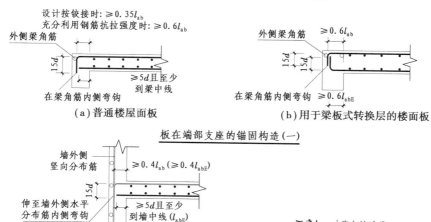

（a）普通楼屋面板　　　（b）用于梁板式转换层的楼面板

板在端部支座的锚固构造（一）

（a）端部支座为剪力墙中间层

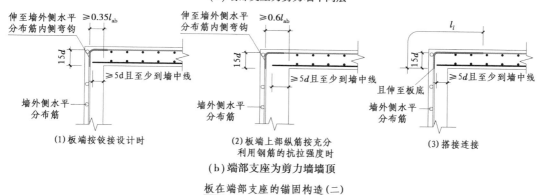

（1）板端按铰接设计时　（2）板端上部纵筋按充分　（3）搭接连接
　　　　　　　　　　利用钢筋的抗拉强度时

（b）端部支座为剪力墙墙顶

板在端部支座的锚固构造（二）

图6.8　板在端部支座的锚固构造

根据图6.7及图6.8，可以推导出板下部纵筋 x 方向长度计算公式，见表6.4。

表6.4　板下部纵筋 x 方向长度计算公式文字描述

位　置	锚固构造	锚固长度	x 方向长度	出　处
端支座	梁、剪力墙	$\geqslant 5d$ 且至少到支座中心线	净长＋支座锚固长度＋弯钩长度	22G101—1图集第2-50、2-51页
	梁板式转换层的楼面板	水平段：$\geqslant 0.6l_{abE}$ 竖直段：$15d$		
中间支座	梁、剪力墙	$\geqslant 5d$ 且至少到支座中心线		

（2）受力筋——下部纵筋 x 方向根数计算

下部纵筋 x 方向的根数和第一根钢筋的起步距离以及布筋间距有很大关系，图 6.9 和图 6.10 分别从平面和剖面角度去解释起步距离和布筋间距。

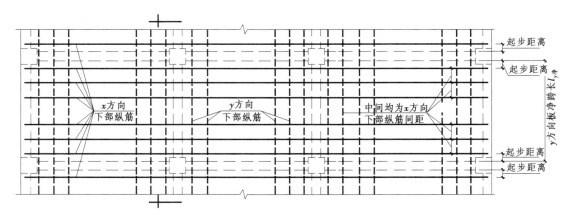

图 6.9　板下部纵筋 x 方向根数计算图（平面）

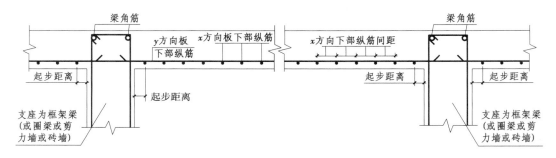

图 6.10　板下部纵筋 x 方向根数计算图（剖面）

根据图 6.9 及图 6.10，可以推导出板下部纵筋 x 方向根数计算公式，见表 6.5。

表 6.5　板下部纵筋 x 方向根数计算公式文字描述

起步距离	1/2 板筋间距
下部纵筋 x 方向根数	（y 方向板净跨长−起步距离×2）/x 方向下部纵筋间距+1（向上取整）

板下部纵筋 y 方向长度和根数的计算方法与 x 方向相同。

2）上部贯通纵筋

（1）受力筋——上部贯通纵筋 x 方向长度计算

板上部贯通纵筋在端部支座的锚固构造如图 6.8 所示，板上部贯通纵筋配置示意图如图 6.11、图 6.12、图 6.13、图 6.14 所示。

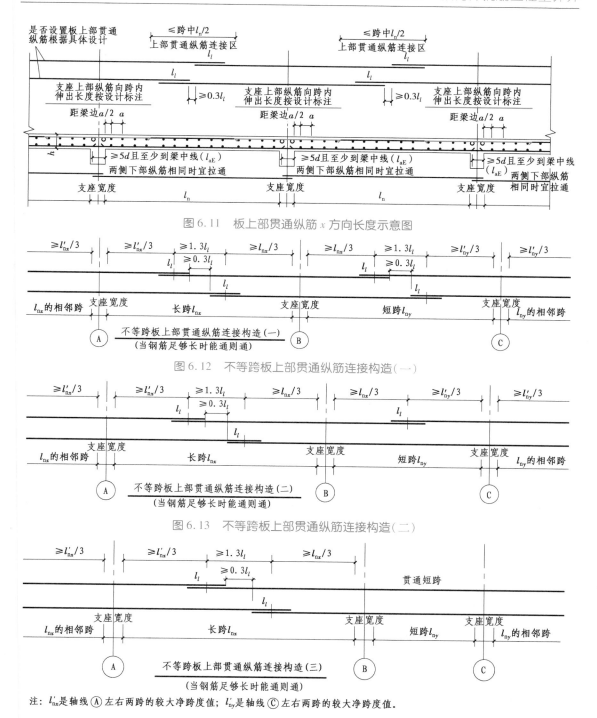

图 6.11　板上部贯通纵筋 x 方向长度示意图

图 6.12　不等跨板上部贯通纵筋连接构造(一)

图 6.13　不等跨板上部贯通纵筋连接构造(二)

注：l'_{nx} 是轴线 Ⓐ 左右两跨的较大净跨度值；l'_{ny} 是轴线 Ⓒ 左右两跨的较大净跨度值。

图 6.14　不等跨板上部贯通纵筋连接构造(三)

　　根据图 6.8、图 6.11、图 6.12、图 6.13、图 6.14，可以推导出板上部贯通纵筋 x 方向长度计算公式，见表 6.6。

表6.6　板上部贯通纵筋 x 方向长度计算公式文字描述

	锚固构造	锚固长度	x 方向长度	出　处
端支座锚固	梁	直锚：$l_{aE}(l_a)$ 弯锚：支座宽$-C+15d$	净长+锚固长度+弯钩长度	22G101—1 图集第 2-50、2-51、2-52 页
	剪力墙（中间层）	直锚：$l_{aE}(l_a)$ 弯锚：支座宽$-C+15d$		
	剪力墙（墙顶）	直锚：$l_{aE}(l_a)$ 弯锚：支座宽$-C+15d$		
连　接	跨中 $l_n/2$			
两邻跨板顶筋配置不同	配置较大的钢筋穿越其标注的起点或终点，伸至邻跨跨中连接			

（2）受力筋——上部贯通纵筋 x 方向根数计算

板上部贯通纵筋根数的计算方法和下部纵筋相同，如图6.15、图6.16所示。

图6.15　板上部贯通纵筋 x 方向长度计算图（平面）

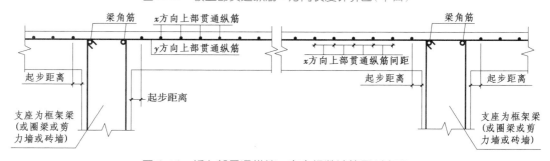

图6.16　板上部贯通纵筋 x 方向根数计算图（剖面）

从图6.15及图6.16很容易看出，板上部贯通纵筋 x 方向根数计算公式与下部纵筋 x 方向根数计算公式相同，见表6.7。

表6.7 板上部贯通纵筋 x 方向根数计算公式文字描述

起步距离	1/2板筋间距
板上部贯通纵筋 x 方向根数	(y方向板净跨长-起步距离×2)/x方向板上部贯通纵筋间距+1(向上取整)

板上部贯通纵筋 y 方向长度和根数的计算方法和 x 方向相同。

3）支座上部非贯通纵筋

（1）支座上部非贯通纵筋长度计算

板支座上部非贯通纵筋的锚固构造如图6.17所示。单（双）向板配筋如图6.18所示。

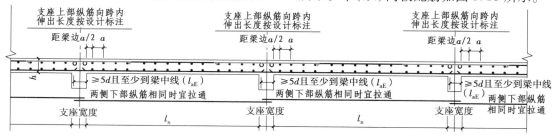

图6.17 板支座上部非贯通纵筋长度示意图

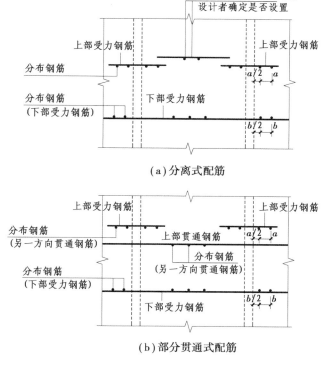

（a）分离式配筋

（b）部分贯通式配筋

图6.18 单（双）向板配筋示意图

根据图6.17、图6.18,可以推导出板支座上部非贯通纵筋长度计算公式,见表6.8。

表 6.8　板支座上部非贯通纵筋长度计算公式文字描述

	基本公式＝伸出长度	伸出长度	自支座边线向跨内的伸出长度
中间支座上部非贯通纵筋	转角处分布筋扣减	分布筋和与之相交的支座上部非贯通纵筋搭接 150 mm	
	两侧与不同长度支座上部非贯通纵筋相交	其两侧分布筋分别按各自的相交情况计算	
	板顶筋替代上部非贯通纵筋的分布筋	双层配筋,又配置支座上部非贯通纵筋时,板顶筋可替代同向的上部非贯通纵筋的分布筋	
端支座上部非贯通纵筋	基本公式＝伸出长度＋锚固长度	伸出长度	自支座边线向跨内的伸出长度
		锚固长度	支座宽度$-C+15d$
跨板支座上部非贯通纵筋	跨长+伸出长度		

（2）支座上部非贯通纵筋根数计算

板支座上部非贯通纵筋的根数计算,如图 6.19、图 6.20 所示。

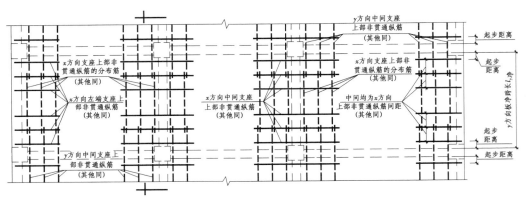

图 6.19　板支座上部非贯通纵筋 x 方向根数计算图（平面）

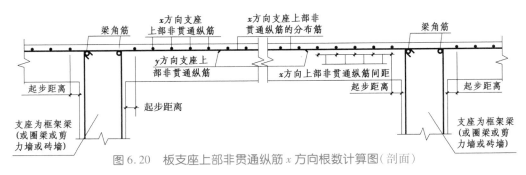

图 6.20　板支座上部非贯通纵筋 x 方向根数计算图（剖面）

根据图 6.19 及图 6.20,可以推导出板支座上部非贯通纵筋 x 方向根数计算公式,见表 6.9。

表 6.9　板支座上部非贯通纵筋 x 方向根数计算公式文字描述

起步距离	1/2 板筋间距
支座上部非贯通纵筋 x 方向根数	（y 方向板净跨长－起步距离×2）/上部非贯通纵筋间距+1（向上取整）

支座上部非贯通纵筋 y 方向长度和根数的计算方法和 x 方向相同。

4）支座上部非贯通纵筋的分布筋

（1）支座上部非贯通纵筋的分布筋长度计算

在实际工作中，支座上部非贯通纵筋的分布筋长度有多种计算方法，这里介绍3种计算方法。

①分布筋和垂直方向的支座上部非贯通纵筋参差 150 mm。如图 6.21 所示，根据图 6.21 可以推导出支座上部非贯通纵筋的分布筋长度计算公式，见表 6.10。

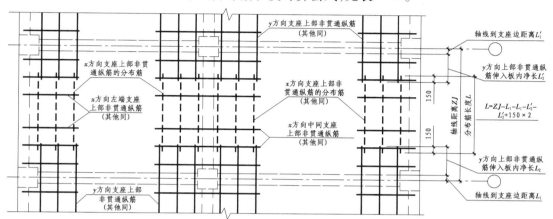

图 6.21 x 方向支座上部非贯通纵筋的分布筋长度计算图（分布筋和 y 方向上部非贯通纵筋参差 150 mm）

表 6.10   板支座上部非贯通纵筋的分布筋长度计算公式文字描述

分布筋和上部非贯通纵筋参差 150 mm	轴线距离－上下轴线到支座边的距离－上下 y 方向非贯通纵筋伸入板内的净长＋150×2

②分布筋长度按照上部非贯通纵筋布筋范围计算。如图 6.22 所示，根据图 6.22 可以推导出支座上部非贯通纵筋的分布筋长度计算公式，见表 6.11。

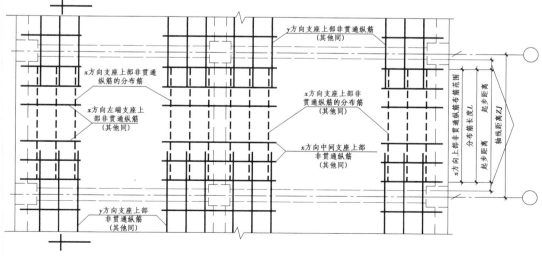

图 6.22 x 方向上部非贯通纵筋的分布筋长度计算图（分布筋长度按照上部非贯通纵筋布筋范围计算）

表 6.11　板支座上部非贯通纵筋的分布筋长度计算公式文字描述
（分布筋长度按照上部非贯通纵筋布筋范围计算）

分布筋长度按照上部非贯通纵筋布筋范围计算	净跨长−起步距离×2

③分布筋长度等于当前跨轴线距离。如图 6.23 所示，根据图 6.23 可以推导出支座上部非贯通纵筋的分布筋长度计算公式，见表 6.12。

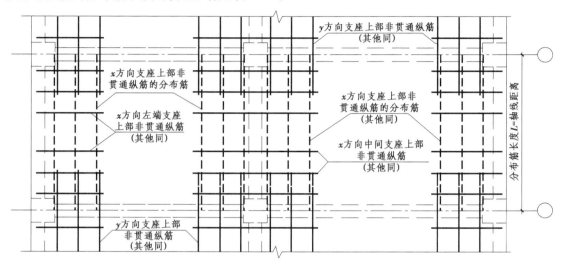

图 6.23　x 方向支座上部非贯通纵筋的分布筋长度计算图（分布筋长度＝当前跨轴线距离）

表 6.12　板支座上部非贯通纵筋的分布筋长度计算公式文字描述（分布筋长度＝当前跨轴线距离）

分布筋长度＝当前跨轴线距离	当前跨轴线距离

（2）支座上部非贯通纵筋的分布筋根数计算

分布筋的根数与上部非贯通纵筋伸入板内的长度、起步距离、分布筋的间距有关，见表 6.13。

表 6.13　分布筋根数计算文字描述

分布筋根数	单侧根数＝（图示上部非贯通纵筋长度−起步距离）/分布筋间距+1（向上取整）

5. 英才公寓项目板构造类型及钢筋骨架

分析英才公寓项目结施-09"标高 2.900 至 14.900 板平法施工图"可知，楼板为有梁楼盖板，其钢筋骨架包括板下部纵筋、板上部贯通纵筋、板支座上部非贯通纵筋。

任务总结

板是建筑物的重要组成部分，在水平方向及竖直方向都起十分重要的作用。板平面注写主要包括板块集中标注和板支座原位标注。有梁楼盖板主要包括楼面板、屋面板、纯悬挑板，板内钢筋主要包括受力筋、板支座上部非贯通纵筋、板支座上部非贯通纵筋的分布筋、温度筋等。掌握板的受力情况及构造是计算板钢筋的基础。板钢筋计算主要包括受力筋长度和根数的计算、支座上部非贯通纵筋长度和根数的计算、支座上部非贯通纵筋的分布筋长度和根数的计算等。清晰板的作用、分类、构件受力、计算原理，是认识板的基础。

思考题

1. 板的类型都有哪些？并描述它们的不同之处。
2. 板的钢筋种类都有哪些？请指出英才公寓项目中板的钢筋种类。

任务6.2　计算有梁板钢筋工程量

通过本任务的学习，你将能够：

1. 识读英才公寓项目中板平法施工图的计算参数；
2. 计算英才公寓项目中板的钢筋工程量。

任务说明

计算英才公寓项目结施-09中Ⓔ～Ⓖ轴与①～④轴处板的钢筋工程量，如图6.24所示。其中，图中所示支座上部非贯通纵筋未注明者均为$\Phi 8@200$，图中未注明的楼板内分布钢筋为：板厚100 mm，$\phi 6@180$；板厚110 mm，$\phi 6@70$；板厚120 mm，$\phi 6@150$。未注明梁定位均为轴线居中或齐柱边。

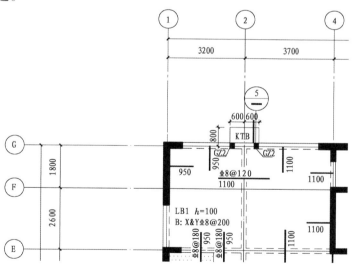

图6.24　板平法施工图

任务分析

1. 完成计算任务涉及的图纸有哪些？
2. 基本锚固长度需要重新计算吗？
3. 板的钢筋工程量计算有计算公式吗？

任务实施

英才公寓项目涉及板的图纸有结构设计总说明(一)、(二)和结施-09。本工程结构类型为异形柱框架-剪力墙结构,二级抗震,板的混凝土强度等级为C30,板的混凝土保护层厚度为15 mm,梁的混凝土保护层厚度为25 mm。

本工程案例中,板的端部支座为梁,因此计算时参考图6.8中的图"(a)普通楼屋面板",即板下部钢筋端支座锚固长度应≥5d且至少到梁中线,其中d为钢筋直径;板上部钢筋端支座锚固长度通常情况下应为"梁宽-梁钢筋混凝土保护层厚度+15d"。

①板下部纵筋计算过程见表6.14。

表6.14　板下部纵筋计算过程

①~②轴	B:Y⊈8@200	长度	计算公式=净长+支座锚固长度+180°弯钩长度
			支座锚固长度=max(H_b/2,5d)= max(125,40)=125(mm)
			180°弯钩长度=6.25d
			总长=2 600+1 800-100-100+2×125+2×6.25×8=4 550(mm)
		根数	计算公式=(钢筋布置范围长度-起步距离)/间距+1
			(3 200-100-100-200)/200+1=15(根)
①~②轴	B:X⊈8@200	长度	计算公式=净长+支座锚固长度+180°弯钩长度
			支座锚固长度=max(H_b/2,5d)= max(125,40)=125(mm)
			180°弯钩长度=6.25d
			总长=3 200-100-100+2×125+2×6.25×8=3 350(mm)
		根数	计算公式=(钢筋布置范围长度-起步距离)/间距+1
			(2 600+1 800-100-100-200)/200+1=21(根)
②~④轴	B:Y⊈8@200	长度	计算公式=净长+支座锚固长度+180°弯钩长度
			支座锚固长度=max(H_b/2,5d)= max(125,40)=125(mm)
			180°弯钩长度=6.25d
			总长=2 600+1 800-100-100+2×125+2×6.25×8=4 550(mm)
		根数	计算公式=(钢筋布置范围长度-起步距离)/间距+1
			(3 700-100-100-200)/200+1=17.5(根),取整数为18根

②～④轴	B:X ⊈8@200	长度	计算公式=净长+支座锚固长度+180°弯钩长度
			支座锚固长度=$\max(H_b/2,5d)=$ max$(125,40)=125(mm)$
			180°弯钩长度=$6.25d$
			总长=3 700−100−100+2×125+2×6.25×8=3 850(mm)
		根数	计算公式=(钢筋布置范围长度−起步距离)/间距+1
			(2 600+1 800−100−100−200)/200+1=21(根)

②在计算支座上部非贯通纵筋时,通过分析可知本工程有中间支座上部非贯通纵筋和端支座上部非贯通纵筋,其中中间支座上部非贯通纵筋与不同长度支座上部非贯通纵筋相交,转角处分布筋应扣减,其计算过程见表6.15。

表6.15　板上部非贯通纵筋计算过程——中间支座上部非贯通纵筋

②轴	中间支座上部非贯通纵筋 ⊈8@120	长度	计算公式=平直段长度
			总长度=2×1 100+200=2 400(mm)
		根数	计算公式=(布置范围净长−两端起步距离)/间距+1
			起步距离=1/2 钢筋间距
			根数=(2 600+1 800−100−100−2×60)/120+1=35(根)
②轴	中间支座上部非贯通纵筋的左侧分布筋	长度	计算公式=上部非贯通纵筋布置范围长−与其相交的另向支座上部非贯通纵筋长+150 mm搭接
			长度=2 600+1 800−100−100−950−950+2×150=2 600(mm)
		根数	单侧根数=(1 100−90)/180+1=6.61(根),取整数为7根 其中180 mm是指图中未注明的分布筋间距
②轴	中间支座上部非贯通纵筋的右侧分布筋	长度	计算公式=上部非贯通纵筋布置范围长−与其相交的另向支座上部非贯通纵筋长+150 mm搭接
			长度=2 600+1 800−100−100−2×1 100+2×150=2 300(mm)
		根数	单侧根数=(1 100−90)/180+1=6.61(根),取整数为7根 其中180 mm是指图中未注明的分布筋间距

③端支座上部非贯通纵筋以Ⓖ轴和①～②轴上部非贯通纵筋为例,其计算过程见表6.16。

表 6.16　板上部非贯通纵筋计算过程——端支座上部非贯通纵筋

Ⓖ轴	上部非贯通纵筋 ⍆8@200, 伸出长度 950 mm	长度	计算公式=伸出长度+锚固长度
			总长度=950+250-20+15×8=1 300(mm) 其中,20 mm 为梁的保护层厚度
		根数	计算公式=(布置范围净长-两端起步距离)/间距+1
			起步距离=1/2 钢筋间距
			根数=(3 200-100-100-2×100)/200+1=15(根)
Ⓖ轴	上部非贯通 纵筋的分布筋	长度	计算公式=上部非贯通纵筋布置范围长
			长度=3 200-100-100-950-1 100+2×150=1 250(mm)
		根数	单侧根数=(950-90)/180+1=5.78(根),取整数为 6 根 其中,180 mm 是指图中未注明的分布筋间距

任务总结

通过英才公寓项目结施-09 中Ⓔ~Ⓖ轴与①~④轴处板的钢筋工程量计算的学习,我们可以明确知道板下部纵筋及支座上部非贯通纵筋的计算过程,在计算时要根据不同的情况进行分析计算。

思考题

通过识读英才公寓项目结施-11"标高 17.900 板平面图",计算图 6.25 中 WB1 的钢筋工程量,其中支座钢筋均为上部非贯通纵筋,图中未注明的楼板内分布钢筋为:板厚 100 mm,Φ6@180;板厚 110 mm,Φ6@70;板厚 120 mm,Φ6@150。未注明梁定位均为轴线居中或齐柱边。

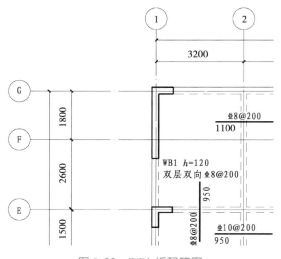

图 6.25　WB1 板配筋图

拓展链接

板的钢筋工程量计算公式

板筋主要有受力筋（单向或双向,单层或双层）、支座上部非贯通纵筋、支座上部非贯通纵筋的分布筋、附加钢筋（角部附加放射筋、洞口附加钢筋）、撑脚钢筋（双层钢筋时支撑上下层）。

1. 受力筋

受力筋的长度是依据轴网计算的。

1）板底受力筋

①端部支座为梁、剪力墙,若为带肋钢筋:

板底受力筋长度=板的净跨长+左锚固长度（$\geqslant 5d$ 且至少到支座中线）+右锚固长度（$\geqslant 5d$ 且至少到支座中线）

②端部支座为梁、剪力墙,若为光圆钢筋:

板底受力筋长度=板的净跨长+左锚固长度（$\geqslant 5d$ 且至少到支座中线）+右锚固长度（$\geqslant 5d$ 且至少到支座中线）+2×6.25d（180°弯钩）

2）板顶受力筋

①端部支座为梁,若为带肋钢筋:

板顶受力筋长度=板的净跨长+左锚固设计按铰接时[$\geqslant 0.35l_{ab}$+弯折15d]或充分利用钢筋的抗拉强度时[$\geqslant 0.6l_{ab}$+弯折15d]+右锚固设计按铰接时[$\geqslant 0.35l_{ab}$+弯折15d]或充分利用钢筋的抗拉强度时[$\geqslant 0.6l_{ab}$+弯折15d]

②端部支座为剪力墙,若为带肋钢筋:

板顶受力筋长度=板的净跨长+左锚固长度（$\geqslant 0.4l_{ab}$+到墙外侧竖向分布筋内侧弯折15d）+右锚固长度（$\geqslant 0.4l_{ab}$+到墙外侧竖向分布筋内侧弯折15d）

③端部支座为剪力墙,若为光圆钢筋:

板顶受力筋长度=板的净跨长+左锚固长度（$\geqslant 0.4l_{ab}$+到墙外侧竖向分布筋内侧弯折15d）+右锚固长度（$\geqslant 0.4l_{ab}$+到墙外侧竖向分布筋内侧弯折15d）+2×6.25d（180°弯钩）

3）悬挑板底钢筋

板底钢筋长度=板的净跨长+左锚固长度（$\geqslant 12d$ 且至少到支座中线）

4）悬挑板顶受力钢筋

板顶受力筋长度=板的净跨长+左锚固长度（伸至端梁角筋内侧且$\geqslant 0.6l_{ab}$ 并下弯15d）

板顶受力筋长度=与其他跨上筋连通+右锚固长度

受力筋、构造筋根数=（净跨长-2×起步距离）/布筋间距+1

起步距离=1/2 布筋间距

2. 支座上部非贯通纵筋及分布筋

上部非贯通纵筋长度=上部非贯通纵筋图示长度（其长度是指到梁中心线的长度）+左弯折长度（板厚-bh_c）+右弯折长度（板厚-bh_c）

上部非贯通纵筋根数=（净跨长-2×起步距离）/上部非贯通纵筋间距+1

上部非贯通纵筋的分布筋长度=净跨长-2×上部非贯通纵筋起步距离

上部非贯通纵筋的分布筋根数=图示上部非贯通纵筋的长度/分布筋间距+1

3. 附加钢筋（角部附加放射筋、洞口附加钢筋）、支撑钢筋（双层钢筋时支撑上下层）

悬挑板 Ces 阳角放射筋长度 = 图示长度 + 左弯折 $15d$ + 右弯折 $15d$

洞口附加钢筋、支撑钢筋（双层钢筋时支撑上下层）根据实际情况直接计算钢筋的长度、根数即可。

其余纵向钢筋非接触搭接；悬挑板 XB 钢筋；无支撑板端部封边；折板配筋；无梁楼盖柱上板带 ZSB 与跨中板带 KZB 纵向钢筋；板带端支座纵向钢筋；板带悬挑端纵向钢筋；柱上板带暗梁钢筋；板、墙、梁后浇带 HJD 钢筋；板加腋 JY；局部升降板 SJB；板开洞 BD 与洞边加强钢筋（洞边无集中荷载）；悬挑板阳角放射筋 Ces；板内纵筋加强带 JQD；悬挑板阴角；柱帽 ZMa、ZMb、ZMc、Zmab；抗冲剪箍筋 Rh；抗冲剪弯起筋 Rb 等构造，在实际工程中并不多见，并且列式较为麻烦，此处不一一列出计算公式，其具体算法参见 22G101—1 图集第 2-53 ~ 2-67 页。

任务 6.3 计算悬挑板钢筋工程量

通过本任务的学习，你将能够：

1. 掌握各种悬挑板钢筋构造；

2. 计算图纸中不同悬挑板钢筋工程量。

任务说明

计算图 6.26 中悬挑板 XB2 板底筋（下部纵筋）及板顶筋（上部贯通纵筋）的工程量。

本工程案例中悬挑板的混凝土强度等级为 C30，板的混凝土保护层厚度为 15 mm，梁的混凝土保护层厚度为 20 mm，周围梁宽均为 200 mm×400 mm，梁定位均为轴线居中。

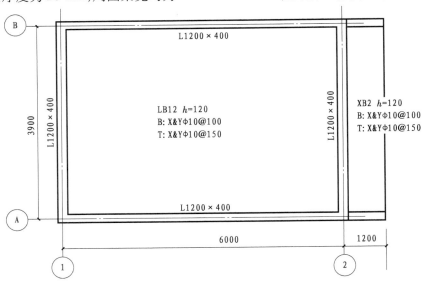

图 6.26   XB2 配筋图

1.悬挑板的钢筋构造有哪几种情况？本工程案例适用于图集中的哪种情况？

2.悬挑板的钢筋工程量计算有基本计算公式吗？

任务实施

悬挑板是指板下没有直接的竖向支撑,靠板自身或者板下面的悬挑梁来承受(传递)竖向荷载。悬挑板是上部受拉结构。工程上常说的"悬挑板"有两种:一种是"延伸悬挑板",即22G101—1图集楼面板或屋面板标注的悬挑端,工程中常见的挑檐板、阳台板就是这一类型;另一种是"纯悬挑板",工程中常见的雨篷板就是这一类型。"延伸悬挑板"和"纯悬挑板"在22G101—1图集中的编号都是"XB"。

悬挑板钢筋构造如图6.27所示。

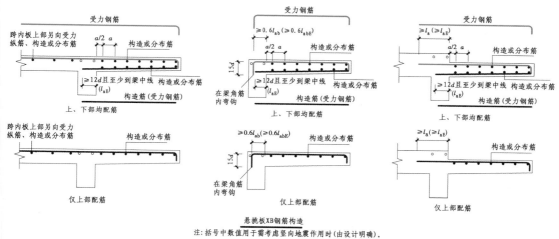

悬挑板XB钢筋构造

注:括号中数值用于需考虑竖向地震作用时(由设计明确).

图6.27 悬挑板钢筋构造(22G101—1第2-54页)

本工程案例中,悬挑板钢筋构造适用于上、下部均配筋的第一种情况,计算其钢筋工程量时应以图6.27所示第一种情况为准。

悬挑板配筋图如图6.28所示。

图6.28(b)中,"$h=120/80$"表示该板的根部厚度为120 mm,板端厚度为80 mm。"B:Xcϕ8@150;Ycϕ8@200"表示该块悬挑板下部配置纵横方向的构造钢筋。"T:Xϕ8@150"表示悬挑板上部配置x方向的贯通纵筋ϕ8@150。

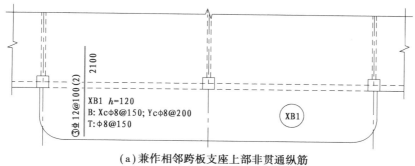

(a)兼作相邻跨板支座上部非贯通纵筋

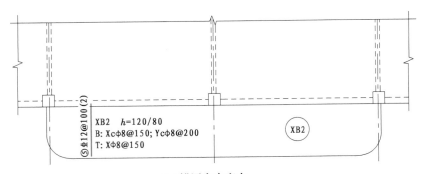

（b）锚固在支座内

图 6.28　悬挑板支座非贯通纵筋表示方式

根据以上分析,图 6.26 中 LB12 和 XB2 板底钢筋、板顶钢筋计算过程见表 6.17。

表 6.17　LB12 和 XB2 钢筋计算过程

LB12	B:X φ 10@ 100	长度	计算公式＝净跨长＋支座锚固长度＋180°弯钩长度
			支座锚固长度＝ max(H_b/2,5d)＝ max(100,50)＝100(mm)
			180°弯钩长度＝6.25d
			总长＝6 000－200＋2×100＋2×6.25×10＝6 125(mm)
		根数	计算公式＝(钢筋布置范围长度－起步距离)/间距＋1
			(3 900－200－100)/100＋1＝37(根)
LB12	B:Y φ 10@ 100	长度	计算公式＝净跨长＋支座锚固长度＋180°弯钩长度
			支座锚固长度＝ max(H_b/2,5d)＝ max(100,50)＝100(mm)
			180°弯钩长度＝6.25d
			总长＝3 900－200＋2×100＋2×6.25×10＝4 025(mm)
		根数	计算公式＝(钢筋布置范围长度－起步距离)/间距＋1
			(6 000－200－100)/150＋1＝39(根)
XB2	B:X φ 10@ 100	长度	计算公式＝净跨长＋支座锚固长度
			左端支座锚固长度＝ max(1/2×200,12d)＝120(mm)
			右端弯折＝120－2×15＝90(mm) 其中,"120 mm"为板的厚度,"15 mm"为板的混凝土保护层厚度
			总长＝1 200－100＋120＋90＝1 310(mm)
		根数	计算公式＝(钢筋布置范围长度－起步距离)/间距＋1
			(3 900－200－100)/100＋1＝37(根)

XB2	B:Y Φ10@100	长度	计算公式=净跨长+支座锚固长度
			支座锚固长度=梁宽-C+15d=200-20+15×10=330(mm)
			总长=3 900-200+2×330=4 360(mm)
		根数	计算公式=(钢筋布置范围长度-起步距离)/间距+1
			(1 200-100-1/2×100-100)/100+1=7(根) 其中,"1/2×100"为悬挑板钢筋布置时距梁边为1/2板筋间距
LB12 XB2	T:X Φ10@150	长度	计算公式=净跨长+左端支座锚固长度+悬挑端下弯长度 本工程案例是延伸悬挑板,计算时其上部纵筋与相邻跨板同向的顶部贯通纵筋或顶部非贯通纵筋贯通
			悬挑端下弯长度=120-2×15=90(mm)
			总长=(6 000-100)+(200-20+15×10)+1 200-20+90 =7 500(mm)
		根数	计算公式=(钢筋布置范围长度-起步距离)/间距+1
			(3 900-200-150)/150+1=24.7(根),取整数为25根
LB12	T:Y Φ10@150	长度	计算公式=净跨长+支座锚固长度
			总长=3 900-200+2×(200-20+15×10)=4 360(mm)
		根数	计算公式=(钢筋布置范围长度-起步距离)/间距+1
			(6 000-200-150)/150+1=38.7(根),取整数为39根
XB2	T:Y Φ10@150	长度	计算公式=净跨长+支座锚固长度
			总长=3 900-200+2×(200-20+15×10)=4 360(mm)
		根数	计算公式=(钢筋布置范围长度-起步距离)/间距+1
			(1 200-100-1/2×150-150)/150+1=6.8(根),取整数为7根

任务总结

计算悬挑板钢筋,要分清计算的悬挑板是延伸悬挑板还是纯悬挑板,并根据工程案例中悬挑板钢筋构造选择合适的标准图集,计算其钢筋工程量。

任务6.4　计算雨篷钢筋工程量

通过本任务的学习,你将能够:

1.掌握雨篷钢筋构造;

2.计算雨篷钢筋工程量。

任务说明

计算图 6.29 所示雨篷钢筋工程量。本工程案例中雨篷的混凝土强度等级为 C30,梁混凝土保护层厚度为 25 mm,板混凝土保护层厚度为 15 mm。

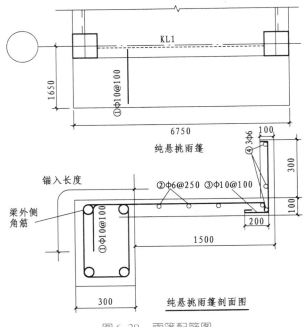

图 6.29　雨篷配筋图

任务分析

1. 雨篷的钢筋构造有哪几种情况? 本工程案例适用于图集中的哪种情况?

2. 雨篷的钢筋工程量计算与悬挑板相同吗?

任务实施

雨篷是纯悬挑板,只是在板边多了一个向上翻边构造。悬挑板钢筋构造如图 6.27 所示。

本工程案例中,雨篷钢筋构造适用于上部配筋的第二种情况,计算其钢筋工程量时应以图 6.27 所示第二种情况为准。

由图 6.29 中可知,①号、③号为雨篷板受力钢筋,②号、④号是受力钢筋的分布筋。

根据上述分析,图 6.30 中雨篷的钢筋工程量计算过程见表 6.18。

表 6.18　雨篷钢筋工程量计算过程

			计算公式=净跨长+左支座锚固长度+右端弯折长度
①	ⱷ10@100	长度	左支座锚固长度=梁宽-混凝土保护层厚度+15d=300-25+15×10=425(mm)
			右端弯折长度=100-2×15=80(mm)
			总长=1500-15+425+80=2 005(mm)
		根数	计算公式=(钢筋布置范围长度-两端混凝土保护层厚度)/间距+1
			(6 750-30)/100+1=69(根)

②	⾦6@250	长度	计算公式=净跨长+弯折长度
			90°弯折长度=4.75d
			总长=6 750-30+2×4.75×10=6 815（mm）
		根数	计算公式=（钢筋布置范围长度-起步距离）/间距+1
			（1 500-100-100）/250+1=7（根）
③	⾦10@100	长度	计算公式=竖直净长+下端弯折长度+上端弯折长度
			下端弯折长度=200+6.25×d=263（mm）
			上端90°弯折长度=4.75d
			总长=500-2×15+263+4.75×10=781（mm）
		根数	计算公式=（钢筋布置范围长度-起步距离）/间距+1
			钢筋布置范围长度=2×（悬挑长度-起步距离）+悬挑板长-起步距离=2×（1500-100-100）+6750-30=9 320（mm）
			9320/100+1=95（根）
④	3⾦6	长度	计算公式=净长+弯折长度
			净长=2×（悬挑长度-悬挑端混凝土保护层厚度）+悬挑板长-2×混凝土保护层厚度=2×（1 500-15）+6750-30=9 505（mm）
			90°弯折长度=4.75d
			总长=9505+2×4.75×10=9 600（mm）
		根数	总图中所示为3根

任务总结

计算雨篷钢筋时，要根据悬挑板钢筋构造选择合适的标准图集来计算其钢筋工程量。

拓展链接

延伸悬挑板和纯悬挑板的构造

1. 延伸悬挑板和纯悬挑板构造的不同点——锚固构造不同

①延伸悬挑板的上部纵筋与相邻跨板同向的顶部贯通纵筋或顶部非贯通纵筋贯通。

②当跨内板的上部纵筋是顶部贯通纵筋时，把跨内板的顶部贯通纵筋一直延伸到悬挑端的尽头，此时延伸悬挑板上部纵筋的锚固长度是可以达到标准要求的。

③当跨内板的上部纵筋是顶部非贯通纵筋（即支座负筋）时，原先插入支座梁中的支座负筋弯折没有了，而是把支座负筋的水平段一直延伸到悬挑端的尽头。由于原来支座负筋的水平段长度也是足够的，所以此时延伸悬挑板上部纵筋的锚固长度也是可以达到标准要求的。

④纯悬挑板上部纵筋伸至支座梁远端的梁角筋的内侧，然后弯直钩。

⑤纯悬挑板上部纵筋伸入梁内的锚固长度应符合22G101—1图集第2-54页的要求。

2. 延伸悬挑板和纯悬挑板构造的相同点——相同的纵筋构造

①上部纵筋是悬挑板的受力主筋，因此无论是延伸悬挑板还是纯悬挑板的上部纵筋都是贯通纵筋，一直伸到悬挑板的尽头。

②延伸悬挑板和纯悬挑板的上部纵筋伸至尽头之后,都要弯直钩到悬挑板底。

③根据延伸悬挑板和纯悬挑板端部的翻边情况,来决定悬挑板上部纵筋的端部是继续向下延伸,还是向上延伸。

④平行于支座梁的悬挑板上部纵筋,从距梁边1/2板筋间距处开始设置。

⑤延伸悬挑板和纯悬挑板的下部纵筋为直形钢筋。

⑥延伸悬挑板和纯悬挑板的下部纵筋在支座内的锚固长度>12d。

拓展与思考

建筑结构中的钢筋构造非常复杂,在识图和算量过程中一定要细心、精心,才能提高钢筋工程量计算的准确性,减少和避免返工。请扫码观看"中国精度,极致匠心",并结合你对党的二十大精神的学习,谈谈你对造价人"四心"(细心、恒心、精心、责任心)的理解。

中国精度,
极致匠心

复习思考题

1. 填写表 6.19 中的构件名称。

表 6.19 题 1 表

构件代号	构件名称
LB	
WB	
XB	

2. 请分析图 6.30 所示板的集中标注表示的内容。

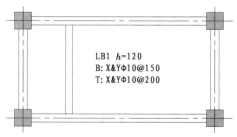

LB1 h=120
B: X&YΦ10@150
T: X&YΦ10@200

图 6.30 板的集中标注

3. 在图 6.31 中填写①号支座上部非贯通纵筋的伸出长度,并计算其根数。

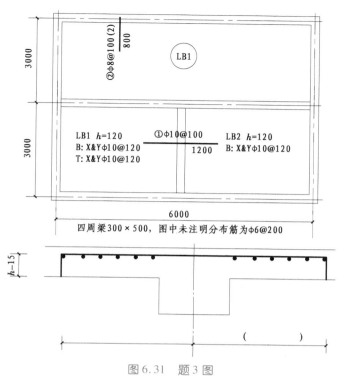

图 6.31　题 3 图

4. 在图 6.32 中填写板下部纵筋锚固长度。

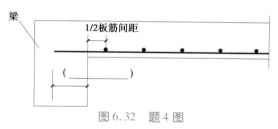

图 6.32　题 4 图

5. 在图 6.33 中填写板顶筋锚固长度。

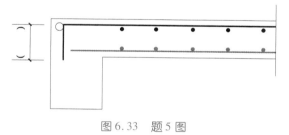

图 6.33　题 5 图

6. 计算图 6.34 中 LB1 板的所有钢筋的长度及根数（分布筋为 φ6@250）。

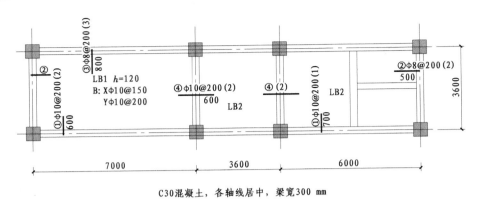

C30混凝土，各轴线居中，梁宽300 mm

图6.34 题6图

模块 7　楼梯钢筋工程量计算

【知识目标】

1. 了解板式楼梯的类型；
2. 识读板式楼梯的平法施工图。

【能力目标】

1. 掌握板式楼梯中各种钢筋的位置及名称；
2. 计算板式楼梯的钢筋工程量。

【素养目标】

培养学生勇于创新、敢于实践的"中国建造"精神。

任务 7.1　识读板式混凝土楼梯平法施工图

通过本任务的学习，你将能够：

1. 理解楼梯的平法施工图制图规则；
2. 能够从楼梯的平法施工图中查找楼梯的相关数据。

任务说明

识读英才公寓项目结施-14"楼梯配筋图"，说出楼梯的类型、楼梯的构件组成，从图纸中查找楼梯的平面尺寸及梯段板、平台板、梯梁等构件的尺寸及配筋，完成表7.1的填写。

任务分析

1. 英才公寓项目中的楼梯为哪种类型的楼梯？
2. 梯板的集中标注内容包括什么？

表 7.1　楼梯数据

内　容		图纸数据
集中标注内容	梯板类型代号与序号	
	梯板厚度	
	踏步段总高度 H_s 和踏步级数 $(m+1)$	
	梯板配筋	
	梯板分布筋	
外围标注内容	楼梯间平面尺寸	
	楼层结构标高	
	层间平台结构标高	
	梯板平面几何尺寸	

任务实施

1.板式楼梯平法制图规则

1)板式楼梯的类型

现浇钢筋混凝土楼梯按结构形式的不同,可分为板式楼梯和梁式楼梯两种。由于板式楼梯具有构造简单、施工方便等特点,在一般工业与民用建筑中得到了广泛应用。现浇混凝土板式楼梯平法施工图制图规则中,把常见的钢筋混凝土板式楼梯按梯段类型的不同分为 14 种常用类型,详见 22G101—2 图集中的表 2.2.1。在施工图中,楼梯编号由梯板代号和序号组成,如 AT××、BT××、ATa××等。这里主要介绍 AT ~ ET 型板式楼梯,如图 7.1 所示。

楼梯的平法表示

AT ~ ET 型板式楼梯具有以下特征:

①AT ~ ET 型板式楼梯代号代表一段无滑动支座的梯板。梯板的主体为踏步段,除踏步段之外,梯板可包括低端平板、高端平板以及中位平板。

②AT ~ ET 型梯板的特征为:AT 型梯板全部由踏步段构成;BT 型梯板由低端平板和踏步段构成;CT 型梯板由踏步段和高端平板构成;DT 型梯板由低端平板、踏步板和高端平板构成;ET 型梯板由低端踏步段、中位平板和高端踏步段构成。

③AT ~ ET 型梯板的两端分别以(低端和高端)梯梁为支座。

2)板式楼梯的平面注写方式

现浇混凝土板式楼梯平法施工图采用平面注写方式,是在楼梯平面布置图上注写截面尺寸和配筋具体数值的方式来表达楼梯施工图。平面注写方式包括集中标注和外围标注。

(1)集中标注

楼梯集中标注的内容有 5 项,如图 7.2 所示,具体规定见表 7.2。

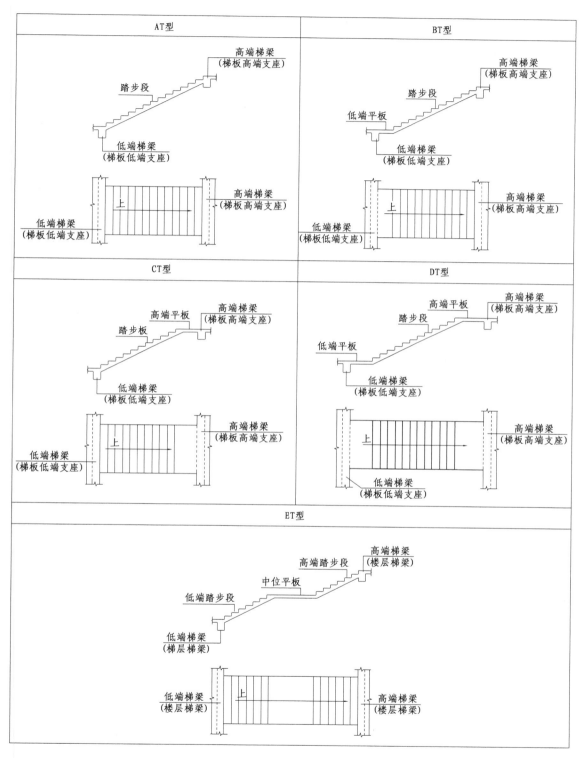

图 7.1　AT ~ ET 型楼梯

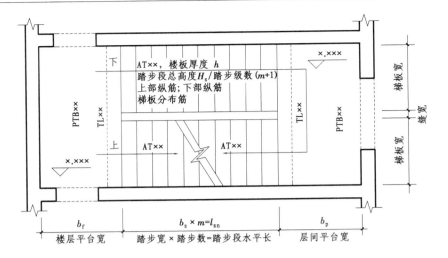

▽×.×××～▽×.×××楼梯平面图

(a)AT型楼梯集中标注内容

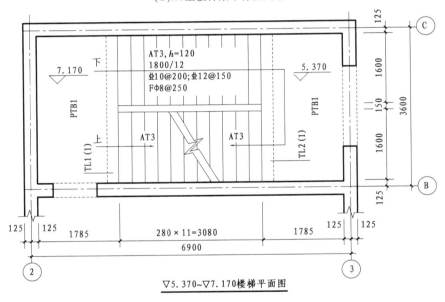

▽5.370～▽7.170楼梯平面图

(b)梯段集中标注示例

图7.2　楼梯集中标注示意

表7.2　楼梯集中标注

	内　容	图7.2(a)	图7.2(b)
1	梯板类型代号与序号	AT××	AT3
2	梯板厚度	$h = \times\times\times$	$h = 120$
3	踏步段总高度H_s和踏步级数$(m+1)$	$H_s/(m+1)$	1 800/12
4	梯板配筋	上部纵筋;下部纵筋	Φ10@ 200;Φ12@ 150
5	梯板分布筋	F××	F Φ8@ 250

（2）外围标注

楼梯外围标注的内容见表 7.3。

表 7.3　楼梯外围标注

	内　容	图 7.2（a）	图 7.2（b）
1	楼梯间平面尺寸	轴线长度、轴线宽度	长度 = 6 900 mm 宽度 = 3 600 mm
2	楼层结构标高		7.170 m
3	层间结构标高		5.370 m
4	楼梯上下行方向		
5	梯板平面几何尺寸	楼层平台宽 b_f、踏步段水平长度 $b_s \times m = l_{sn}$、层间平台宽 b_p、梯板宽和缝宽	$b_f = 1\,785$ mm　$b_p = 1\,785$ mm $b_s \times m = l_{sn} = 3\,080$ mm
6	平台板配筋		
7	梯梁及梯柱配筋等		

3）板式楼梯的剖面注写方式

剖面注写方式需在楼梯平法施工图中绘制楼梯平面布置图和楼梯剖面图，注写方式分为平面图注写和剖面图注写两部分。

（1）平面图注写内容

楼梯平面布置图中注写内容，包括楼梯间的平面尺寸、楼层结构标高、层间结构标高、楼梯的上下方向、梯板的平面几何尺寸、梯板类型及编号、平台板配筋、梯梁及梯柱配筋等，如图 7.3 所示。

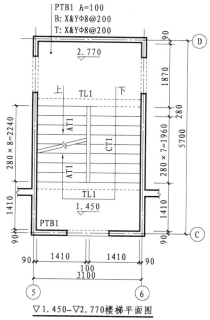

图 7.3　剖面注写方式的楼梯平面图

（2）剖面图注写内容

楼梯剖面图注写内容,包括梯板集中标注、梯梁梯柱编号、梯板水平及竖向尺寸、楼层结构标高、层间结构标高等,如图 7.4 所示。

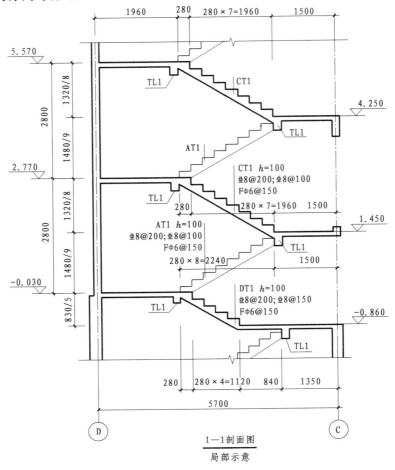

1—1剖面图

局部示意

图 7.4　剖面注写方式的楼梯剖面图

梯板集中标注的内容有 4 项,具体规定见表 7.4。

表 7.4　梯板集中标注内容

	内　容	注写方式	图 7.4
1	梯板类型代号与序号	如 CT××	CT1
2	梯板厚度	$h=×××$	$h=100$
3	梯板配筋	上部纵筋;下部纵筋	$\underline{\Phi}8@200;\underline{\Phi}8@100$
4	梯板分布筋	F××	Fϕ6@150

2.识读英才公寓项目楼梯施工图

1)图纸内容

英才公寓项目中楼梯施工图的图纸编号为结施-14,包括首层、二至六层、顶层楼梯平面图和详图及设计说明。

2)楼梯平法施工图识读

①结施-14采用平面注写方式表达楼梯的尺寸及配筋。查阅楼梯配筋图可知,楼梯为双跑楼梯,第一跑楼梯为 CT 型楼梯,第二跑为 BT 型楼梯。根据梯板的制图规则,可知楼梯的集中标注内容和外围标注内容,详见表7.5和表7.6。

表7.5　梯段集中标注内容

内　容		图纸数据	
集中标注内容	梯板类型代号与序号	CT1	BT1
	梯板厚度	$h = 120$	$h = 120$
	踏步段总高度 H_s 和踏步级数($m+1$)	1 500/9	1 500/9
	梯板上、下部纵筋	$\Phi 14@150$	$\Phi 14@150$
	梯板分布筋	$\phi 8@200$	$\phi 8@200$

表7.6　梯段外围标注内容

内　容		图纸数据
外围标注内容	楼梯间平面尺寸	进深 = 5 400 mm　开间 = 2 600 mm
	楼层结构标高	见各层楼梯平面图
	层间结构标高	
	梯板平面几何尺寸	$b_f = 1\ 790$ mm　$b_p = 1\ 250$ mm $b_s \times m = l_{sn} = 2\ 160$ mm

②平台板的标注。楼层平台和休息平台的平台板均为 PTB1,板厚 $h = 100$ mm,配筋为双层双向钢筋$\Phi 8@200$。

3)楼梯详图识读

分析结施-14可知,详图包括栏杆翻边大样的细部尺寸,以及梯梁的截面尺寸和配筋。

任务总结

施工图识读是进行钢筋算量的第一步,楼梯施工图应首先识读梯板的类型,这是后续识读梯板构造要求的前提。楼梯的平法标注包括集中标注和外围标注。集中标注主要标注梯板的信息,外围标注主要标注楼梯的平面尺寸。识读外围标注时,注意外围标注尺寸界线的位置,除轴线尺寸外,一般标注的为净尺寸。

任务 7.2　计算现浇板式楼梯的钢筋工程量

通过本任务的学习,你将能够:

1. 读懂 AT 型楼梯的构造要求;
2. 能够计算 AT 型楼梯梯板的钢筋工程量。

任务说明

请计算图 7.6 中楼梯梯板 AT1 的钢筋工程量。

现浇楼梯
钢筋施工

任务分析

1. 楼梯的钢筋工程量计算包括哪些钢筋?
2. 图 7.6 中楼梯的构造要求如何?
3. 楼梯钢筋工程量计算规则有哪些?

任务实施

1. 楼梯钢筋分析

本任务要计算的楼梯钢筋分析见表 7.7。

表 7.7　楼梯钢筋分析

楼梯钢筋量	梯　梁	参考梁的钢筋工程量计算	
	休息平台	参考板的钢筋工程量计算	
	梯段板	梯板底筋	受力筋的长度与根数
			分布筋的长度与根数
		梯板顶筋	支座上部非贯通纵筋的长度与根数
			分布筋的长度与根数

注:楼梯的休息平台和梯梁可参考板和梁的钢筋工程量计算方法,这里只讲解楼梯梯板的钢筋工程量计算方法。

2. AT 型楼梯的构造要求

AT 型楼梯板的配筋构造如图 7.5 所示。AT 型楼梯配筋构造要求主要包括:

①板底受力筋的位置及伸入低端支座和高端支座的长度要求;

②板底分布筋的位置;

③支座上部非贯通纵筋的截断位置及伸入低端支座和高端支座的长度要求。

【注意】支座上部非贯通纵筋伸入高端支座时锚固到板中和梯梁中的要求是不同的。

3. AT1 钢筋工程量的计算

AT1 的集中标注和外围标注如图 7.6 所示。AT1 钢筋工程量的计算规则见"拓展链接",计算过程见表 7.8。

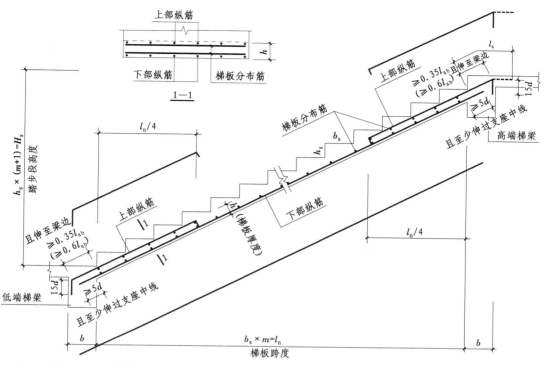

注:①图中上部纵筋锚固长度 $0.35l_{ab}$ 用于设计按铰接的情况,括号内数据 $0.6l_{ab}$ 用于设计考虑充分利用钢筋抗拉强度的情况,具体工程中设计应指明采用何种情况。

②上部纵筋有条件时可直接伸入平台板内锚固,从支座内边算起应满足锚固长度 l_a,如图中虚线所示。

③高端、低端踏步高度调整见 22G101—2 图集第 2-39 页。

图 7.5　AT 型楼梯板配筋构造

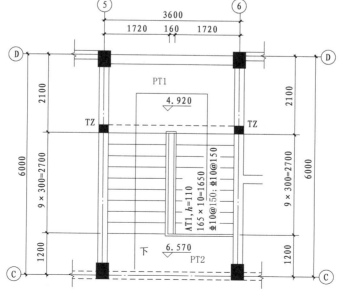

图 7.6　AT1 的集中标注和外围标注

表 7.8 AT1 钢筋工程量计算过程

计算参数:起步距离为 50 mm;混凝土保护层厚度 $C=20$ mm;斜度系数 $k=\sqrt{b_s^2+h_s^2}/b_s$ =1.14,高端支座负筋锚入梯梁内		说 明
板底受力筋	长度 = $l_n×k+\max[5d,(b/2)×k]×2=300×9×1.14+143×2=3\ 364$(mm)	b 为梯梁的宽度 250 mm
	根数 = $(K_n-2C)/S+1=(1\ 720-100-2×20)/150+1=12$(根)	K_n 为梯段板净宽;楼梯间墙厚为 200 mm
板底分布筋	长度 = $K_n-2C+6.25d×2=1\ 720-100-2×20+6.25×6×2=1\ 655$(mm)	分布筋为 ϕ6@200 光圆筋加弯钩长度
	根数 = $(l_n×k-$起步距离$×2)/S+1=(2\ 700×1.14-2×50)/200+1=16$(根)	l_n 为梯段板净长
低端支座受力筋	长度 = $l_n/4×k+h-2C+15d+(b-C)×k=2\ 700/4×1.14+110-2×20+150+(250-20)×1.14=252$(mm)	
	根数 = $(K_n-2C)/S+1=(1\ 720-100-2×20)/150+1=12$(根)	
高端支座受力筋	锚入梯梁内,长度和根数同低端支座受力筋	
单个支座分布筋	长度 = 板底分布筋	
	根数 = $(l_n/4×k-$起步距离$×2)/S+1=(2\ 700/4×1.14-2×50)/200+1=5$(根)	

任务总结

梯板钢筋工程量计算主要包括梯板受力筋和梯板分布筋、支座上部非贯通纵筋的受力筋和分布筋 4 项。楼梯施工图中标注的为水平投影尺寸,因此计算楼梯钢筋工程量时要计算楼梯的斜度系数。另外,需注意梯板构造要求中高端支座和低端支座的区别。

思考题

图 7.3 和图 7.4 为采用剖面注写方式标注的楼梯,楼梯混凝土强度等级为 C20,TL1 尺寸为 $b×h=250$ mm×400 mm,锚固长度和保护层厚度见 22G101—2 图集的要求。试进行梯板 CT1 的钢筋工程量计算。

拓展链接

***

楼梯梯板钢筋计算规则

1.板底受力筋

1)长度计算

由图7.5可知,板底受力筋即下部纵筋的长度计算见表7.9。

表7.9　板底受力筋长度计算公式

板底受力筋长度=梯板投影净长×斜度系数+伸入左端支座内长度+伸入右端支座内长度+弯钩×2(仅光圆钢筋有弯钩)				
梯板跨度 (梯板投影净长)	斜度系数	伸入左端支座内长度	伸入右端支座内长度	弯钩
$l_n=b_s\times m$	$k=\sqrt{b_s^2+h_s^2}/b_s$	$\max[5d,(b/2)\times k]$	$\max[5d,(b/2)\times k]$	$6.25d$
板底受力筋长度=$l_n\times k+\max[5d,(b/2)\times k]\times2+6.25d\times2$(仅光圆钢筋有弯钩)				

2)根数计算

梯板板底受力筋平面分布如图7.7所示。梯板板底受力筋根数计算见表7.10。

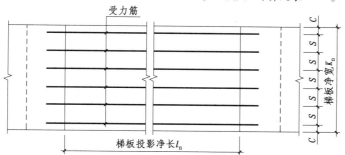

图7.7　梯板板底受力筋平面分布

表7.10　梯板板底受力筋根数计算公式

梯板板底受力筋根数=(梯板净宽-混凝土保护层厚度×2)/受力筋间距+1		
梯板净宽	混凝土保护层厚度	受力筋间距
K_n	C	S
梯板板底受力筋根数=$(K_n-2C)/S+1$(取整)		

2.板底分布筋

1)长度计算

梯板板底分布筋平面布置如图7.8所示。梯板板底分布筋长度计算见表7.11。

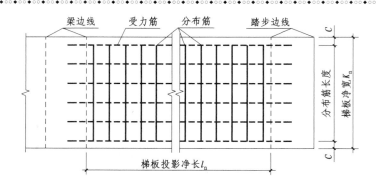

图 7.8   梯板板底分布筋平面布置

表 7.11   梯板板底分布筋长度计算公式

分布筋长度＝梯板净宽－混凝土保护层厚度×2＋弯钩×2		
梯板净宽	混凝土保护层厚度	弯钩
K_n	C	$6.25d$
分布筋长度＝K_n－2C＋6.25d×2		

2）根数计算

梯板板底分布筋根数计算示意图如图 7.9 所示,计算公式见表 7.12。

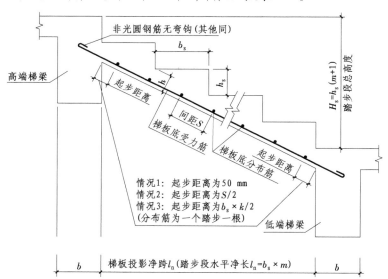

图 7.9   梯板板底分布筋根数计算示意图

表7.12　梯板板底分布筋根数计算公式

梯板板底分布筋根数=（梯板投影净跨×斜度系数−起步距离×2）/分布筋间距+1
梯板板底分布筋根数=（l_n×k−起步距离×2）/S+1（取整）

3.梯板顶筋

1）支座上部非贯通纵筋

（1）长度计算

楼梯支座上部非贯通纵筋分低端支座上部非贯通纵筋和高端支座上部非贯通纵筋,长度根据 AT 板的构造要求进行计算,具体见表7.13。

表7.13　梯板支座上部非贯通纵筋长度计算公式

	钢筋种类	弯折长度	低端支座上部非贯通纵筋长度=伸入板内长度+伸入支座内长度			
低端支座上部非贯通纵筋			伸入板内长度=伸入板内直段长度+弯折		伸入支座内长度	
	光圆筋	$h-2C$	伸入板内直段长度	弯折	伸入支座对边向下弯,竖直段不小于 $15d$	弯钩
			$l_n/4×k$	$h-2C$	$15d+（b-C）×k$	$6.25d$
			低端支座上部非贯通纵筋长度=$l_n/4×k$ 或（按标注尺寸×k）+$h-2C$+$15d+（b-C）×k$+6.25d			
	非光圆筋	$h-2C$	伸入板内直段长度	弯折	伸入支座内长度	弯钩
			$l_n/4×k$	$h-2C$	$15d+（b-C）×k$	0
			低端支座上部非贯通纵筋长度=$l_n/4×k$ 或（按标注尺寸×k）+$h-2C$+$15d+（b-C）×k$			
高端支座上部非贯通纵筋（伸入板内锚固）	钢筋种类	弯折长度	高端支座上部非贯通纵筋长度=伸入板内长度+伸入支座内长度			
			伸入板内长度=伸入板内直段长度+弯折		伸入支座内长度	
	光圆筋	$h-2C$	伸入板内直段长度	弯折	伸入支座内长度	弯钩
			$l_n/4×k$	$h-2C$	l_a	$6.25d$
			高端支座上部非贯通纵筋长度=$l_n/4×k$+$h-2C$+l_a+6.25d			
	非光圆筋	$h-2C$	伸入板内直段长度	弯折	伸入支座内长度	弯钩
			$l_n/4×k$	$h-2C$	l_a	0
			高端支座上部非贯通纵筋长度=$l_n/4×k$+$h-2C$+l_a			

续表

高端支座上部非贯通纵筋（在梯梁内弯折）	钢筋种类	弯折长度	高端支座上部非贯通纵筋长度=伸入板内长度+伸入支座内长度				
			伸入板内长度=伸入板内直段长度+弯折	伸入支座内长度			
			伸入板内直段长度	弯折	伸入支座直段长度	伸入支座弯折长度	弯钩
	光圆筋	$h-2C$	$l_n/4×k$ 或（按标注尺寸×k）	$h-2C$	$(b-C)×k$	$15d$	$6.25d$
			高端支座上部非贯通纵筋长度=$l_n/4×k+h-2C+(b-C)×k+15d+6.25d$				
	非光圆筋	$h-2C$	$l_n/4×k$ 或（按标注尺寸×k）	$h-2C$	$(b-C)×k$	$15d$	0
			高端支座上部非贯通纵筋长度=$l_n/4×k+h-2C+(b-C)×k+15d$				

注:h—梯段板厚度;C—混凝土保护层厚度;l_n—梯段板净跨度;k—斜度系数。

（2）根数计算

梯板支座上部非贯通纵筋根数根据图7.10进行计算,具体计算公式见表7.14。

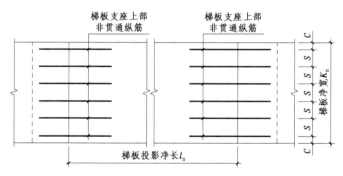

图7.10　梯板支座上部非贯通纵筋的平面布置

表7.14　梯板支座上部非贯通纵筋根数计算公式

梯板支座上部非贯通纵筋根数=（梯板净宽-混凝土保护层厚度×2）/支座上部非贯通纵筋间距+1		
梯板净宽	混凝土保护层厚度	受力筋间距
K_n	C	S
梯板支座上部非贯通纵筋根数=$(K_n-2C)/S+1$（取整）		

2）支座上部非贯通纵筋的分布筋

（1）长度计算

支座上部非贯通纵筋的分布筋平面布置如图7.11所示,长度计算公式见表7.15。

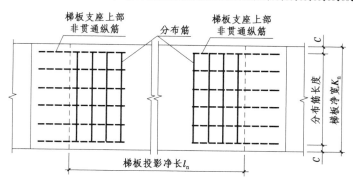

图 7.11　支座上部非贯通纵筋的分布筋平面布置

表 7.15　梯板支座上部非贯通纵筋的分布筋长度计算公式

分布筋长度＝梯板净宽−混凝土保护层厚度×2＋弯钩×2		
梯板净宽	混凝土保护层厚度	弯钩
K_n	C	$6.25d$
分布筋长度＝K_n−$2C$＋$6.25d×2$		

（2）根数计算

支座上部非贯通纵筋的分布筋根数计算如图 7.12 所示。

梯板单个支座上部非贯通纵筋的分布筋根数＝（l_n/4×k−起步距离×2）/S+1

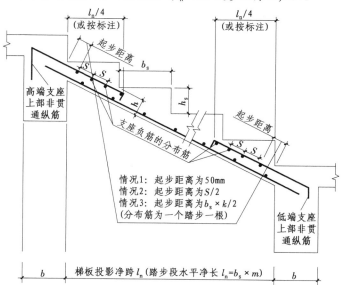

图 7.12　支座上部非贯通纵筋的分布筋根数计算

拓展与思考

创新是第一动力,创新乃发展之根本,扫码阅读"中国建造在创新中发力",结合你学习本课程的收获,请思考你如何才能做到"青出于蓝而胜于蓝"?

"中国建造"在
创新中发力

复习思考题

1. AT ～ ET 型板式楼梯的形式有何不同?

2. 请说出图 7.13 中集中标注和外围标注表达的内容。

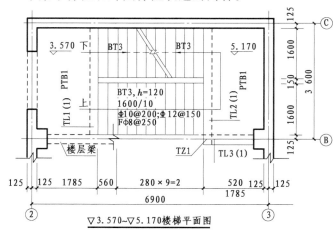

图 7.13　BT 型楼梯平面图

3. 板式楼梯梯段板的钢筋包括哪些? 各有哪些构造要求?

参考文献

［1］中国建筑标准设计研究院.混凝土结构施工图平面整体表示方法制图规则和构造详图（现浇混凝土框架、剪力墙、梁、板）:22G101—10［S］.北京:中国标准出版社,2022.

［2］中国建筑标准设计研究院.混凝土结构施工图平面整体表示方法制图规则和构造详图（现浇混凝土板式楼梯）:22G101—2［S］.北京:中国标准出版社,2022.

［3］中国建筑标准设计研究院.混凝土结构施工图平面整体表示方法制图规则和构造详图（独立基础、条形基础、筏形基础、桩基础）:22G101—3［S］.北京:中国标准出版社,2022.

［4］彭波.G101平法钢筋计算精讲［M］.4版.北京:中国电力出版社,2018.

［5］钟汉华,季翠华,董伟.建筑工程施工技术［M］.3版.北京:北京大学出版社,2016.

［6］蔡跃东,魏国安,吕秀娟.平法识图与钢筋算量［M］.西安:西安电子科技大学出版社,2013.

［7］中华人民共和国住房和城乡建设部.混凝土异形柱结构技术规程:JGJ 149—2017［S］.北京:中国建筑工业出版社,2017.